REISE DURCH DAS EXTREMWETTER DER ERDE

FRANK BÖTTCHER UND JONATHAN BÖTTCHER

KOEHLER

WELTKARTE

Mount Rainier

Thomas · *Große Seen* · Niagarafälle
Marshall · Minnehaha
Vivian · Manchester
Aurora · Nebraska · St. Joseph
Yuma · Silver Lake
Tamarack · Furnace Creek
Death Valley
Badwater Basin
Cherokee
El Reno
Spring · New Orleans
Houston
Naica-Höhle · *Golf von Mexiko*
Palm Beach
Fort Lauderdale
Everglades-Nationalpark
Yucatán
Guatemala City · Mexiko City
Karibische See

New York

Dauphin Lake

Maracaibo-See

Huacachina

Arica
Quillagua
Atacama-Wüste

Juan-Fernández-Inseln

Nordatlantik

Azoren

Südatlantik

Jökulsárlón

Orkney-Inseln
Doggerland

Saint-Quentin-sur-Indrois
Aiguille du Midi · *Genfer See* · Val-d'Isère · Lungau
Lascaux

Lissabon · Port de Sant Miquel · Olympos
Sevilla

Kairo

Wadi Halfa

Barentssee

Hetta

Kivusee

Namib

Agata

Baikalsee

Elbrus

Al Asad

Dasht-e Lut

Dallol

Turpan-Senke

Peking

Gansu

Japanische See

Towada-Hachimantai National Park

Hida-Gebirge

Cherrapunji

Gopalganj District

Guam

Phang Nga Bay

Amboseli Park

Barrow Island

Franz-Josef-Gletscher

Deutschland

Schleswig

Rungholt

Schuby

Ostsee

Rügen

Nordsee

Niendorf

Rostock

Zinnowitz

Altes Land

Hamburg

Senne

Fischbek

Berlin

Rautenberg

Laer

Brocken

Neuhaus

Bacharach

Kitzingen

Weinbiet

Reutlingen

Kaufbeuren

Balderschwang

Zugspitze

Antarktis

Ekström-Schelfeis

Hope Bay

Petermann-Insel

Amundsen-Scott-Forschungsstation

Wostok-Station

Wright Valley

McMurdo

3

IMPRESSUM

Ein Gesamtverzeichnis der lieferbaren Titel schicken wir Ihnen gerne zu.
Bitte senden Sie eine E-Mail mit Ihrer Adresse an vertrieb@koehler-books.de
Sie finden uns auch im Internet unter www.koehler-books.de

Bibliografische Information der Deutschen Nationalbibliothek
Die Deutsche Nationalbibliothek verzeichnet diese Publikation
in der Deutschen Nationalbibliografie; detaillierte bibliografische Daten
sind im Internet über http://dnb.d-nb.de abrufbar.

ISBN 978-3-7822-1290-8

© 2018 by Koehler
im Maximilian Verlag GmbH & Co. KG
Alle Rechte vorbehalten.

Produktion: Marisa Tippe
Druck: Firmengruppe APPL, aprinta Druck, Wemding

Extremes Ereignis +++ So wie auf diesem Foto von einem Schneesturm in den USA sah es auch in vielen Teilen Norddeutschlands aus, nachdem im Winter 1978/79 gleich zwei Schneestürme über Norddeutschland hinweggezogen waren. 10 Grad milde Luftmassen kamen damals aus Südwesteuropa nicht gegen eisige Kaltluft über Norddeutschland voran. Die heftigen Niederschläge fielen von Süd nach Nord in Form von Regen, Eisregen und Schnee mit Rekordschneehöhen im Ergebnis. +++

INHALT

5

HERZLICH WILLKOMMEN

Hallo,
ich bin Jonathan.
Und ich bin Frank, der Vater von Jonathan.

Wir möchten dich mit diesem Buch auf eine Reise durch das extreme Wetter der Erde mitnehmen.
Es werden magische Orte dabei sein.

Und Orte, von denen du vielleicht noch nie gehört hast.
Manche Themen klingen vielleicht etwas langweilig,
haben es aber in sich.
Und genau deshalb haben wir dieses Buch geschrieben, weil sich hinter vielen scheinbar harmlosen Begriffen spannende Geschichten verbergen.

Es wird also ein Abenteuer.
Wir haben die Orte übrigens nicht alle selbst besucht.

Das ist schade, weil ich stattdessen in der Schule sein musste. Aber es hat auch so unglaublich viel Spaß gemacht.
Du kannst die Kapitel in einem Rutsch lesen oder querbeet.

Zu jedem Kapitel haben wir uns überlegt, welches Kapitel wir als Nächstes empfehlen.
Wir haben ganz viele Bilder rausgesucht, damit du dir vorstellen kannst, wie wild es manchmal auf unserem Planeten zugeht.

Außerdem musst du dann nicht so viel lesen.
Ich lese nämlich nicht so gerne.
Was nicht schlimm ist, ich lese nämlich auch nicht gerne.

Ich schaue aber gerne Bilder an. Deshalb haben wir zu allen Themen Filme bei YouTube rausgesucht, die uns besonders gut gefallen haben.
Hierzu findest du die QR-Codes unter den Kapiteln. Sie leiten dich direkt zu einem Film, der noch mehr zum Thema erzählt. Sollten wir bei der vielen Arbeit am Buch doch noch Spannendes vergessen oder uns geirrt haben – man weiß ja nie –, dann lass es uns wissen, und wir werden es bei der nächsten Auflage besser machen.
So, nun aber los.

In Hamburg sagt man »Leinen los«, wenn die Schiffe zu ihrer nächsten großen Reise aufbrechen.
Und genau das machen wir jetzt.

Ich wünsche dir viel Spaß beim Lesen und beim Entdecken der Welt, auf der wir leben.
Das wünsche ich dir auch.
Gute Reise. ☺
Jonathan und Frank

+++ Eisiger Wind hat die Wellen der Ostsee hoch ans Ufer gepeitscht. Dabei entstehen Tausende Tröpfchen, die der Wind als Eisgischt mitreißt. Klirrende -10 Grad haben dafür gesorgt, dass die Wassertropfen am Leuchtturm auf Rügen und der Promenade festgefroren sind und bizarre Eisformationen gebildet haben. +++

Rügen

SONNE

Rekord +++ Ort mit dem sonnigsten Monat in Deutschland, Kap Arkona (Mecklenburg-Vorpommern), 403 Stunden, gemessen im Juli 1994 +++

Rekord +++ Ort mit dem sonnigsten Jahr in Deutschland, Klippeneck (Schwäbische Alb, Baden-Württemberg), 2.329 Stunden, gemessen im Jahre 1959 +++

Rekord +++ Ort mit dem dunkelsten Monat in Deutschland, Großer Inselsberg (Thüringen), 0 Stunden, gemessen im Dezember 1965, und Steinberg (Niedersachsen), 0 Stunden, gemessen im Dezember 1974 +++

Rekord +++ Jahr und Ort mit dem geringsten Sonnenschein in einem Jahr, Ruhpolding (Bayern), 929 Stunden, gemessen im Jahre 1995 +++

Rekord +++ Dunkelster Ort in Deutschland, Ruhpolding (Bayern), 1.159 Stunden mittlere jährliche Sonnenscheindauer, 1961 bis 1990 +++

OHNE UNSERE SONNE WÜRDE ES AUF DER ERDE KEIN LEBEN GEBEN.
Das Bild zeigt, wie wild es auf der Sonne zugeht. Entlang der Magnetfeldlinien schießen immer wieder große Mengen Masse aus der Sonne heraus.

Unsere Erde im Größenvergleich zur Sonne.

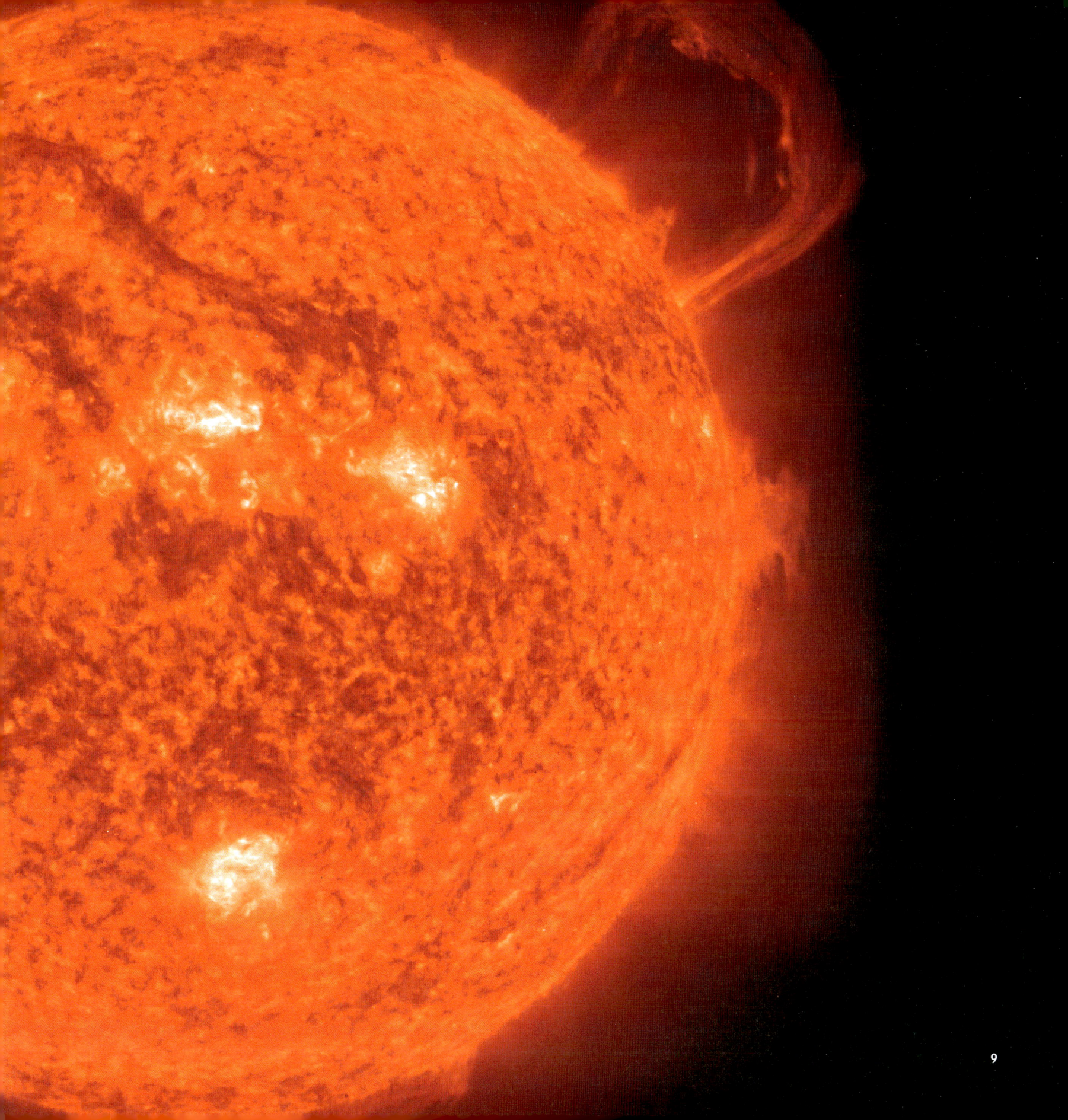

SONNE

Fangen wir mit der Sonne an.

Ohne sie gäbe es kein Leben auf der Erde und auch kein Wetter. Unser Planet wäre eisig kalt und läge in ewiger Dunkelheit. Alles Wasser wäre zu Eis gefroren.

Ohne Sonne wäre die Erde fast so kalt wie der absolute Nullpunkt von -273,15 Grad Celsius. Kälter als das kann es nicht werden. Nicht auf der Erde und nirgendwo sonst in dem uns bekannten Universum. Dieser Wert ist nie erreichbar, man kann nur unendlich dicht herankommen, was in Experimenten auch schon gelungen ist.

Warum kann es nicht kälter werden?

Bei -273,15 Grad stehen alle Atome still. Es ist der Moment, wo absolute Regungslosigkeit und Reaktionslosigkeit existieren. Es gibt keine Energie mehr, sodass aus sich heraus auch keine Entwicklung und Bewegung mehr stattfinden. Alle Elemente sind dann in festem Zustand. Nur Helium ruht flüssig. Helium gefriert also gar nicht. Der Wert stellt den Nullpunkt der Temperatureinheit Kelvin dar. Dank der Sonne ist es bei uns auf der Erde aber immer deutlich wärmer. An ihrer Oberfläche ist die Sonne unglaubliche 6.000° C heiß.

Rekord +++ Sonnigster Ort in Deutschland, Zinnowitz (Mecklenburg-Vorpommern), 1.918 Stunden mittlere jährliche Sonnenscheindauer im Zeitraum 1961 bis 1990 +++

Das Bild zeigt die »Brücke zum Morgen« an der Ostsee in Zinnowitz. Das Morgenrot entsteht übrigens, weil die Sonnenstrahlen einen längeren Weg durch die Atmosphäre zum Betrachter haben, als wenn die Sonne weiter oben steht. Da der blaue Anteil im Licht etwa 16-mal stärker gestreut wird als der rote Anteil, verschwindet umso mehr blaues Licht, je länger der Weg des Sonnenlichtes durch die Atmosphäre ist.

Zinnowitz

DIE MYSTISCHEN STEINE
AM DUNKELSTEN ORT DER ERDE

Sie treibt unser Wetter an. Aber sie ist nicht überall auf der Erde gleichermaßen oft zu sehen. Den absoluten Rekord als hellster Ort der Erde hält Yuma im US-Bundesstaat Arizona. Mit 4.040 Stunden im Jahresmittel gibt es keinen sonnigeren Ort auf der Erde. Das sind 11 Stunden Sonne jeden Tag! Der sonnigste Ort in Deutschland liegt ganz weit im Norden, in Zinnowitz an der Ostsee. 1.918 Stunden scheint die Sonne hier im Mittel jedes Jahr, was mehr als 5 Stunden am Tag sind.

Hingegen gibt es natürlich auch Orte auf unserem Planeten, die von der Sonne nicht so begünstigt sind. Der dunkelste Ort bei uns in Deutschland liegt in einem der schönsten Wintersportgebiete: In Ruhpolding in Bayern schafft es die Sonne im Mittel gerade einmal 3,2 Stunden am Tag, sich zu zeigen.

3.842 m hoch ist die Aussichtsplattform des Aiguille du Midi gegenüber dem Mount Blanc. Kein höherer Ort in Europa ist so bequem für Touristen zu erreichen. Die Luft allerdings ist hier oben schon extrem dünn. Der Luftdruck beträgt nur noch etwa 615 hPa. Damit hat die Luft hier oben nur noch rund 60 Prozent der Dichte wie an der Nordseeküste auf Höhe des Meeresspiegels. Die Aussicht ist dafür aber spektakulär.

Aiguille du Midi

Rekord +++ Hellster Ort der Erde mit der längsten mittleren Sonnenscheindauer, Yuma (USA, Nordamerika), 4.040 Stunden im Jahr, gemessen über 28 Jahre (65 m Höhe, gemessen im Zeitraum 1951 bis 1978) +++

Das Bild zeigt den Martinez-See, der durch das Wasser des Colorado gefüllt wird, unweit von Yuma.

Rekord +++ Dunkelster Ort der Erde mit der geringsten Anzahl von Sonnenstunden im Jahr, Orkney-Inseln (nordöstlich von Schottland), 478 Stunden, gemessen über 62 Jahre (Nordostatlantik) +++

Was aber nicht heißt, dass es nicht noch viel dunklere Orte auf der Erde gibt. Ziemlich trist muss das Leben von jeher auf den Orkney-Inseln gewesen sein. Die Inseln liegen nordöstlich von Schottland, und die Sonne befindet sich hier meist hinter dichten Wolken. Mit 1,3 Stunden Sonne im Tagesmittel wird der Verkauf von Sonnencreme dort eher schlecht laufen.

Trotzdem sind die Inseln schon vor über 5.000 Jahren besiedelt gewesen. Auf den Orkney-Inseln finden sich noch heute die Spuren der Menschen von damals. Sie haben Unvorstellbares vollbracht. Bis zu 5,7 Meter hoch sind die gewaltigen Steine, die Stones of Stenness

genannt werden. Sie stehen auf der Orkney-Insel Mainland seit dieser Zeit und sind seit 1999 UNESCO-Welterbe. Die Steine sind aus derselben Zeit wie das Stonehenge im Süden Englands und damit vermutlich im selben Kulturkreis entstanden. Der Steinkreis auf Mainland ist wahrscheinlich eine Kultstätte gewesen, zu der auch weitere Steine in der Umgebung gehören. Einer davon wird »Watchstone« (Blickstein) genannt. Von diesem aus betrachtet, steht die untergehende Sonne zur Wintersonnenwende exakt zwischen den Hoy-Bergen am Horizont. Wer weiß, vielleicht hat man an diesem dunkelsten Ort der Erde schlicht und einfach um mehr Sonne ersucht.

Auf der Sonne gibt es gewaltige Ausbrüche. Sonnenstürme treiben Teilchen dieser Ausbrüche bis zur Erde und können so Polarlichter erscheinen lassen:
https://www.youtube.com/watch?v=GrnGi-q6iWc

Dieser Film erzählt die Geschichte der magischen Steine unserer Vorfahren auf den Orkney-Inseln am dunkelsten Ort der Erde.
https://www.youtube.com/watch?v=QQWEhY9Jts4

Die Sonne ist in der Lage, extreme Hitze zu erzeugen, auch auf der Erde. Wenn du Lust auf wirklich extreme Bedingungen hast, dann schau dir die heißesten Orte der Erde ab Seite 128 an.

Noch krasser ist es, wenn die Sonne nicht da ist, dann wird es auf der Erde extrem kalt. An einem der kältesten und trockensten Orte der Welt gibt es einen See, der trotz seiner Wassertemperatur weit unter -20 Grad nicht gefriert. Wie das geht, liest du ab Seite 142.

Die großen Steine sind Spuren von Menschen, die hier vor 5.000 Jahren gewohnt haben. Und diese Steine sind so ausgerichtet, dass die Sonne zur Sonnenwende im Sommer einen bestimmten Punkt im Innenraum traf. Ein Zufall?

WIND

Rekord +++ Stärkster jemals in Deutschland gemessener Wind (Böen), Zugspitze (Bayern), 335 km/h, gemessen am 12. Juni 1985 während eines Föhnsturms +++

Rekord +++ Stärkster jemals im Flachland in Deutschland gemessener Wind (Böen), List/Sylt (Schleswig-Holstein), 184 km/h, gemessen am 3. Dezember 1999 während des Orkans Anatol +++

Rekord +++ Stärkste jemals im Flachland gemessene Windböe, Bridge Creek, Oklahoma (USA, Nordamerika), 496 km/h, 3. Mai 1999 +++

Vögel und Gleitschirmflieger haben ein Gespür für den richtigen Aufwind. Kommt man jedoch als Gleitschirmflieger in den Aufwindsog einer entstehenden Gewitterzelle, wird es extrem gefährlich. Ewa Wiśnierska, erfolgreiche Gleitschirmfliegerin, hat einen solchen Aufwind überlebt, der sie bis in fast 10.000 Meter Höhe hinaufriss. Das Bild symbolisiert die Dimensionen zwischen Mensch und Wolke.

WIND
WIE EINE GLEITSCHIRMFLIEGERIN EINEN GEWITTERFLUG IN EISIGER HÖHE ÜBERLEBTE

Mount Washington

Im äußersten Nordosten der Vereinigten Staaten von Amerika liegt der Bundesstaat New Hampshire. Der höchste Berg weit und breit ist der Mount Washington. Dieser Berg ist in vielerlei Hinsicht extrem. Er hält einen der großen Windrekorde. Am 12. April 1934 erreichte eine Windböe auf dem Gipfel des Berges die unglaubliche Geschwindigkeit von 416 Kilometern pro Stunde. Das toppen nur noch die Spitzenböen in einem Tornado. Nicht einmal Tropenstürme haben bisher so starke Windböen produziert. Über zehn Minuten hinweg pustete der Wind mit einer mittleren Geschwindigkeit von unfassbaren 372 Kilometern pro Stunde, als plötzlich diese eine Böe eine nie zuvor gemessene Windstärke erreichte.

Da hat man keine Chance, stehen zu bleiben. Wahrscheinlich hält es auf dem Berg kein Mensch lange aus.

Zumindest nicht im Winterhalbjahr! Dann treffen hier im Wechsel die milden Luftmassen aus dem Süden der

USA auf die arktische Kaltluft aus den polaren Breiten. Gewaltige Schneestürme und eisige Kälte gehören auf diesem Berg im Winter zum Alltag. Und noch einen Rekord gibt es hier oben: An keiner anderen Wetterstation werden im Durchschnitt an 100 Tagen im Jahr Windböen mit Orkanstärke gemessen. Die meisten davon im Winter. Im Sommer allerdings ändert sich das Bild. Da der Berg nicht sehr steil ist, kann man von Mai bis Oktober über eine Straße bis zum Gipfel fahren oder von April bis November die Zahnradbahn nutzen. In dieser Zeit wirkt der Mount Washington einladend und ist ein starker Touristenmagnet …

… mit herrlicher Aussicht. Aber windig ist es auf dem Berg des Sturmes wohl immer, oder?

Windig und kalt. Nimmt man alle Windmessungen zusammen und bildet den Mittelwert, dann kommt man auf 56 Kilometer pro Stunde. Das entspricht starkem bis stürmischem Wind der Stärke 7 im Mittel über alle Jahre und Tage hinweg.

Wenn du von Windstärke 7 sprichst, dann meinst du die Beaufort-Skala. Wo kommt diese Skala eigentlich her?

Die Beaufort-Skala, man kürzt sie Bft. ab, geht auf einen britischen Wissenschaftler zurück, der 1829 bei der britischen Admiralität angestellt wurde und die Skala 1832 veröffentlichte. Bis dahin gab es keine einheitlichen Windmessungen. Da in dieser Zeit aber die Seewege eine immer größere Rolle spielten und günstige Winde auch für die Kriegsführung auf dem Meer von Vorteil waren, verwundert es nicht, dass die Skala des Windes bereits sechs Jahre später offiziell auf allen Schiffen im britischen Königreich zum Einsatz kam. Erst seit dieser Zeit haben wir einigermaßen verlässliche und in den Logbüchern der Schiffe dokumentierte Windbeobachtungen. Bis 1946 bestand die Skala aus 13 Stufen, von Windstille (Bft. 0) bis Orkan (Bft. 12).

Warum gab es nur Windgeschwindigkeiten bis zur Stärke 12, die alle Winde oberhalb von 118 Kilometern pro Stunde zusammenfasst?

Damals gab es für den Wind zwar schon erste Messgeräte, das Schalenanemometer, wie wir es heute noch verwenden, wurde aber erst 1846 erfunden. Beaufort orientierte sich bei der Entwicklung der Skala an dem, was man sehen konnte und welche Schäden der Wind anrichtete. Auf dem Meer sind vor allem Wellen und die Segel der Schiffe wichtige Anhaltspunkte für die Windstärke. Bei Bft. 0 ist das Meer spiegelglatt, und Segel hängen reglos an den Rahen.

Was sind denn Rahen?

Rahen sind die Querbalken am Mast, an denen die Segel hängen. Daher kommt auch der Name Rahsegler. Bei Windstärke vier sind alle Segel gesetzt, und das Schiff macht volle Fahrt. Bei dieser Stärke drückt der Wind auf jedem Quadratmeter Segel 38 Kilogramm. Bei Windstärke 6 sind es bereits 115 Kilogramm je Quadratmeter und bei Windstärke 9 rund 315 Kilogramm. Bei Bft. 12 lasten durch den Winddruck auf jedem Quadratmeter rund 650 Kilogramm.

Das zerfetzt fast jedes Segel.

Mit einem solchen Schalenanemometer wird der Wind gemessen. Nach und nach werden diese Geräte aber durch Ultraschall-Windmesser ersetzt.

Bis Windstärke vier werden alle Segel für die volle Fahrt gesetzt. Dichter Nebel war allerdings gefürchtet. Auf See fielen zu Zeiten der Segelschiffe sämtliche Navigationsmöglichkeiten weg. Schlief der Wind dann noch ein, hieß es warten.

Viele Schiffe sind Opfer schwerer Stürme geworden. Bei Windstärke 12 drückt der Wind auf jedem Quadratmeter der Segelfläche mit einer Last von rund 650 Kilogramm. Die im Jahre 1879 gebaute LADY ELIZABETH wurde Opfer gleich zweier Stürme. 1912 wurde sie in einem Orkan am Kap Hoorn beschädigt. Sie sollte in Port Stanley auf den Falklandinseln repariert werden, lief aber 24 Kilometer davor auf ein Riff und schlug leck. Das seeuntüchtige Schiff lag vor Anker, als am 17. Februar 1936 die Ankerleine während eines neuerlichen Sturms riss und das Schiff in seine heutige Lage auf Grund lief.

Die Wellen sind jetzt viele Meter hoch, und von jedem Wellenkamm wird ein Teil des Wassers vom Wind fortgerissen und weht als Gischt über die brausende See. Das ist die Windstärke, der nur noch die wenigsten Schiffe gewachsen waren. Noch stärkerer Wind hat damals zum sicheren Untergang geführt, und so war eine höhere Stufe noch nicht nötig. 1946 wurde die Skala aber auf 17 Stufen erweitert, wobei die höchste Stufe Windstärken über 203 Kilometer pro Stunde beschreibt.

Damit kann man die Spitzenwinde auf dem Mount Washington aber immer noch nicht annähernd beschreiben. Da bietet sich am Ende doch an, Kilometer pro Stunde zu verwenden.

Das stimmt. Genau aus diesem Grund gibt es für die schwersten Windereignisse eigene Skalen, was schon mal zur Verwirrung führen kann. Gerade bei tropischen Wirbelstürmen und Tornados treten gewaltige Winde auf, die die Beaufort-Skala bei Weitem übertreffen. Die höchste Windgeschwindigkeit in einem tropischen Wirbelsturm betrug 408 Kilometer pro Stunde,

gemessen am 10. April 1996 im Wirbelsturm Olivia auf Barrow Island vor Australien. Der stärkste Tornado brachte es sogar auf Böen bis 496 Kilometer pro Stunde und stellt damit den weltweiten Spitzenwert dar.

Für tropische Wirbelstürme gibt es die Saffir-Simpson-Skala, die von T1 bis T5 reicht, wobei T1 bei Orkanstärke beginnt und T5 bei 251 Kilometern pro Stunde startet.

Und damit man völlig verwirrt ist, gibt es für Tornados noch eine eigene Kategorie, die Fujita-Skala. Sie beginnt mit F0 bei 68 Kilometern pro Stunde. Das bedeutet, dass es unterhalb von 68 Kilometern pro Stunde keine Kategorie gibt. Die Skala geht bis F6 für Tornados mit Windstärken über 538 Kilometer pro Stunde.

Dieser Wert wurde bisher aber nie erreicht.

Grundsätzlich gilt, dass der Wind mit der Höhe der Atmosphäre zunimmt und umso stärker ist, je weniger Hindernisse ihm in den Weg kommen. Der Mount Washington ist deshalb so stürmisch, weil er der einzige Berg in der Region ist, der sich den Windböen in den Weg stellt. So kann der Wind einen ungestörten »Anlauf« nehmen, ähnlich wie auf dem Brocken im Harz. Obwohl es auf dem 1.141,2 Meter hohen Berg von der geografischen Lage her noch Wald geben müsste, findet man nur spärlichen Bewuchs. Der Wind weht hier fortwährend so stark, dass die Kuppe unbewaldet bleibt. Zum Vergleich: In den deutschen Alpen liegt die Waldgrenze bei etwa 1.800 Metern.

Wie schnell ist denn der Wind in Deutschland unterwegs?

Den Spitzenwert hält die Zugspitze. Hier erreichte eine Windböe am 12. Juni 1985 während eines Föhnsturms 335 Kilometer pro Stunde und damit die höchste Geschwindigkeit, die jemals in Deutschland gemessen wurde.

Extreme Umgebung +++ Auf dem Gipfel des 1.141 Meter hohen Brockens im Harz findet man keine Bäume. Der Blick ins Tal zeigt, wie die Bäume zum Gipfel hin verschwinden. Während unten im Tal an diesem Wintermorgen Windstille herrscht, ist die Luft auf dem Gipfel schon in Bewegung. Die vielen Stürme sorgen dafür, dass große Bäume auf der Bergspitze keine Chance haben. +++

• Brocken

An der Landstraße L411 bei Rautenberg im Landkreis Hildesheim (Niedersachsen) legte Orkan Xavier am 6. Oktober 2017 drei Bäume um. Der frühe Sturm traf die noch belaubten Bäume, die dem Winddruck nicht standhielten. Die Laubbäume haben sich an die stürmischeren Wetterlagen in den Wintermonaten auch durch Laubabwurf im Herbst angepasst.

● Rautenberg

Dagegen fallen die Windböen der großen Orkane über Deutschland ja fast klein aus. Die stärkste Windböe im Flachland wurde während des Orkans Anatol am 3. Dezember 1999 in List auf Sylt gemessen. 184 Kilometer pro Stunde war der Wind in einer der vielen Böen schnell. Weil der Wind über dem Meer nur wenige Hindernisse hat, weht er an den Küsten auch erheblich stärker als im Binnenland.
Es ist aber durchaus wahrscheinlich, dass es im Flachland bei uns schon höhere Windgeschwindigkeiten gegeben hat als jene von List auf Sylt. Nur stehen nicht überall Messstationen herum, die die Werte genau erfassen konnten. Bei einigen Tornados sind mit an Sicherheit grenzender Wahrscheinlichkeit Windböen von deutlich über 200 Kilometern pro Stunde aufgetreten, was sich aus den beobachteten Schäden ablesen lässt. Diese Schäden sind aber meist nur kleinräumig, während die großen Orkane flächendeckend

zu erheblichen Schäden führen können. Immer wieder sorgen schwere Stürme bei uns in Deutschland dafür, dass Gebäude beschädigt werden, Bahn- und Flugverbindungen ausfallen und Straßen unpassierbar sind.

Stürme im September oder Oktober sind dabei viel schwerwiegender als zwischen Dezember und Februar. Wenn das Laub noch an den Bäumen ist, stürzen diese viel schneller um. Palmen haben sich da besser eingerichtet. Sie biegen sich beim Hurrikan in den Wind und bleiben stehen, wo belaubte Eichen und Buchen längst umgestürzt wären. Und am Ende gibt es nur eine Verantwortliche für all den Wind: Die Sonne!
Wie wahr.

Unsere Atmosphäre will immer im Gleichgewicht sein. Nachts zum Beispiel lässt der Wind deutlich nach, und im Binnenland ist es oft windstill. Gäbe es keine Störungen im System, gäbe es keinen Wind. Und die größte Störung ist unsere

Texas

Am 17. August 2008 abends wurde diese Hole-Punch Cloud (Locherwolke) rund 20 Kilometer südlich von Linz in Österreich fotografiert. Immer wieder gibt es Aufnahmen von diesen kreisrunden Wolkenlöchern. Du siehst sehr gut, wie in der Mitte des Wolkenlochs feine Eiswolken herabsinken, während die Wolken aus Wassertröpfchen um das Loch herum ihre Form behalten. Auch hier könnte ein durchfliegendes Flugzeug den Impuls zum Gefrieren gebracht haben. Ein Hinweis dafür, dass die Wolken schon sehr unterkühlt waren.

Am 29. Januar 2007 machte die NASA dieses beeindruckende Bild von Wolken über dem US-Bundesstaat Texas und dessen Nachbarstaaten. Was auf dem Foto wie Kratzer auf einem alten Bild aussieht, sind in Wahrheit Hole-Punch Clouds. Man könnte es mit Locherwolke übersetzen. Der Begriff passt ganz gut, denn sie zeigen, wie Flugzeuge die Wolkendecke durchlöchern. Unter bestimmten Bedingungen können unterkühlte Wassertröpfchen durch das Hindurchfliegen zu Eis kristallisieren und aus der Wolkendecke herausfallen.

Sonne. Sobald sie aufgeht, wird es wärmer. Dabei werden aber nicht alle Regionen gleichermaßen erwärmt. Meere erwärmen sich nur sehr langsam, und wenn es bedeckt ist, kann die Erwärmung minimal ausfallen. Kleine Seen erwärmen sich etwas schneller, Wälder noch schneller, dann Wiesen, und besonders schnell erwärmt sich der schwarze Asphalt auf unseren Straßen. Im Sommer flimmert die heiße Luft darüber, und man kann sie aufsteigen sehen. Dort, wo sich Luft erwärmt, steigt sie auf. Das ist der Aufwind. Damit kein Luftloch entsteht, strömt Luft von den Seiten dorthin, wo die Luft aufsteigt. Schon haben wir Wind.

Nun steigt aber die Luft nicht nur in kleinen Bereichen über Wiesen oder Straßen auf. Auch sehr große Warmluftpakete können in Regionen strömen, wo sie plötzlich leichter und wärmer sind als die Umgebung. So kann zum Beispiel ein großes Paket Warmluft von Frankreich heranziehen und über Deutschland aufsteigen.

Dann muss sehr viel Luft hinterherströmen, und schon ist der Wind stärker.

Durch die Rotation der Erde entstehen Wirbel, und die warme Luft strömt zum Zentrum dieses Wirbels. Durch das Zusammenströmen wird die Geschwindigkeit des Windes höher. Den gleichen Effekt gibt es beim Eislaufen, wenn man sich dreht und die Arme zum Körper zieht. Dort, wo die Warmluft großflächig aufsteigt, entsteht am Boden ein Tiefdruckgebiet. Die Luft wird quasi auseinandergezogen und versucht sofort, diesen Unterdruck auszugleichen. Kaltluft strömt heran. Vor der kalten Luft steigt die Warmluft dann noch stärker nach oben, sodass ein gewaltiges Sturmtief entstehen kann. Der Druckausgleich gelingt aber nicht immer gleich gut. So kann der Luftdruck in einem Tiefdruckgebiet durch die viele aufsteigende Luft kräftig sinken.

Luftdruck wird mit einem Barometer in Hektopascal (hPa) gemessen. Der Mittelwert auf der Erde liegt bei 1013,2 hPa. Sinkt der Luftdruck, kommt

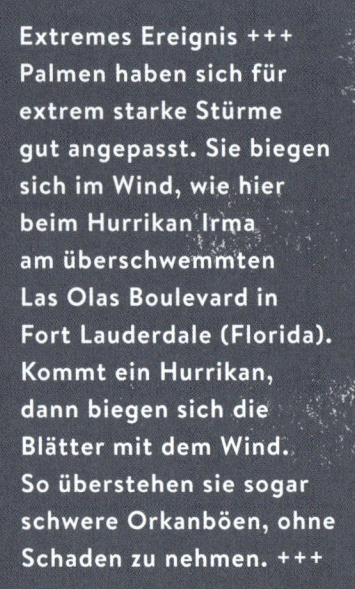

● Fort Lauderdale

man dem Sturmtief näher. Der tiefste Luftdruck aller Zeiten wurde im Taifun Tip nahe der Insel Guam bei Australien gemessen. Dort sank der Wert am 12. Oktober 1979 auf 870 hPa. Das großräumige Bemühen um Ausgleich ist dann viel zu groß, als dass der Wind nachts wieder nachlassen würde. Deshalb gibt es Stürme ja auch bei Nacht.

Erst wenn das große Warmluftpaket vollständig aufgestiegen ist und genügend Luft nachströmen konnte, löst sich das Tiefdruckgebiet wieder auf. Ein Tropensturm muss erst die störungsfreie warme Wasserfläche verlassen, damit er sich abschwächt.

Könnte mich ein Aufwind mit nach oben reißen? Bei Tornados ist das sicher möglich, aber auch bei einem Gewitter?

Ein Tornado ist natürlich sehr gefährlich, weil er wirklich die Kraft hat, Menschen und sogar Eisenbahnwaggons durch die Luft zu wirbeln. Aber auch Gewitter sind bedrohlich. Ich muss dir von Ewa Wiśnierska berichten. Sie war Gast auf dem ExtremWetterKongress und berichtete dort von ihrem Erlebnis in Australien. Sie ist eine der besten Gleitschirmfliegerinnen der Welt. Am 14. Februar 2007 startete sie zu einem Trainingsflug für die Weltmeisterschaften. Gleitschirmflieger leben vom Aufwind, und so suchte auch sie eine passende Thermik, mit der sie an Höhe gewann. Um sie herum entwickelten sich in rasender Geschwindigkeit zahlreiche Gewitterwolken. Sie erkannte zwar die Gefahr und versuchte die Landung. Doch der Aufwind wurde immer stärker. Sie hatte keine Chance, diesem Luftstrom zu entkommen. Dieser riss sie auf 9.946 Metern Höhe, wo sie in der dünnen Luft für 40 Minuten das Bewusstsein verlor.

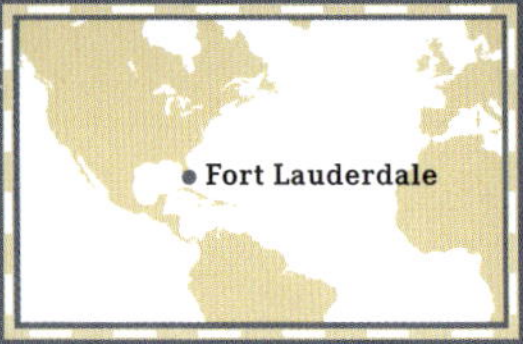

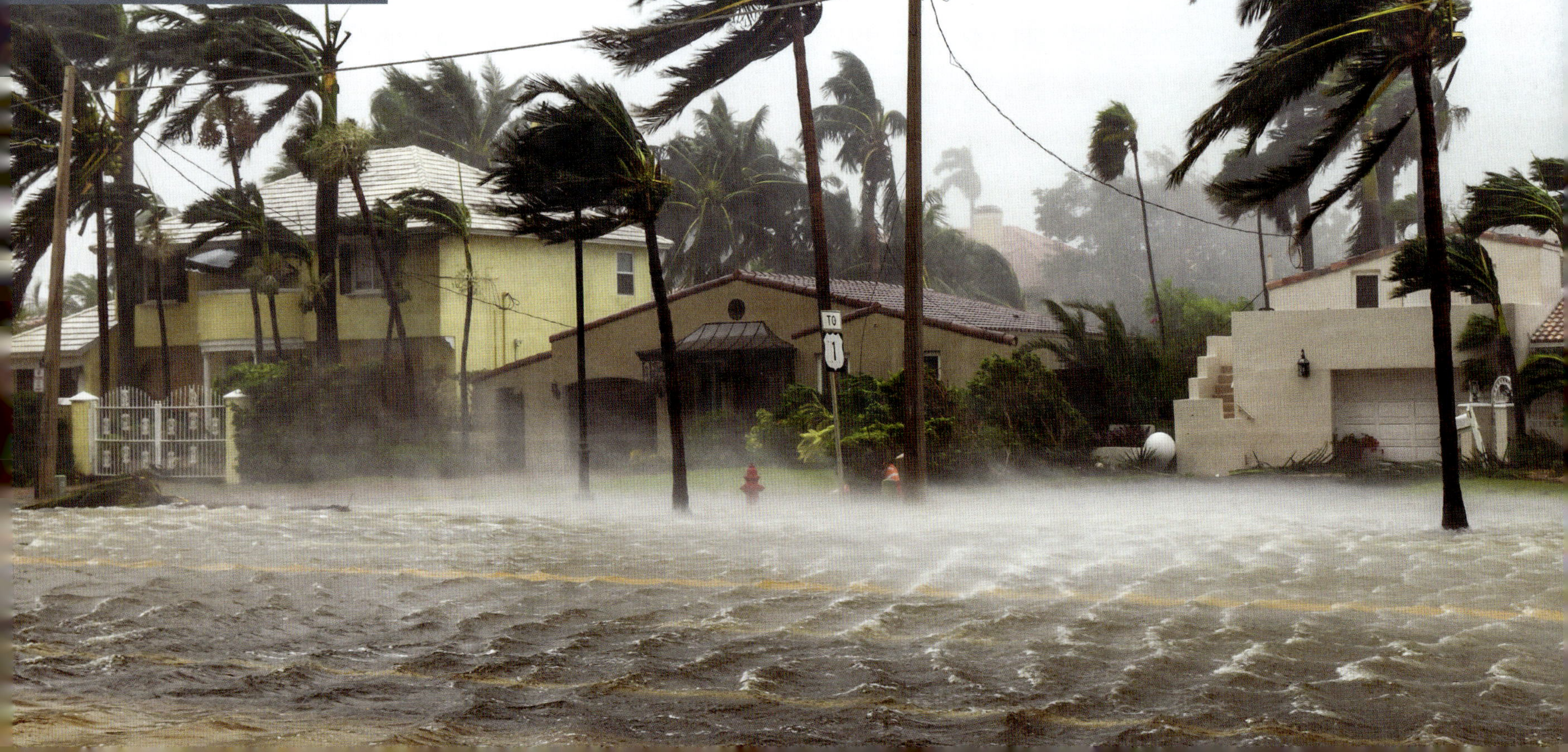

Kein Extremwetter +++ Sie sehen aus wie große Linsen und entstehen vor allem bei Föhn vom Vorland großer Gebirge: Altocumulus lenticularis. Diese Wolke stand am 30. Juni 2015 mittags über dem Stadtteil Harold's Cross der irischen Hauptstadt Dublin. Ein kräftiger Südwind hatte die Wolke über die südlich von Dublin liegenden Berge geweht und sie dabei in diese Form gebracht. Das Bild zeigt, wie spektakulär Wetter auch dann sein kann, wenn es ohne Extreme auskommt. +++

Franz-Josef-Gletscher

Kalte Luft ist schwerer als warme Luft. Hoch oben auf dem Franz-Josef-Gletscher in Neuseeland bildet sich diese Kaltluft vor allem dann, wenn die Luft insgesamt recht warm ist. Die schwere Gletscherluft strömt dann talwärts. Eigentlich erwärmt sich Luft, die absinkt, doch der eisige Gletscher kühlt die Luft weiterhin. So strömt sie teilweise stürmisch durch die Gletscherschlucht ins Tal. Diese Winde werden katabatische Fallwinde genannt.

Wie hat sie überlebt?

Durch pures Glück. Die Temperaturen dort oben lagen unter -45 Grad, und nur durch Zufall ist sie aus der Gewitterwolke herausgepustet und nicht vom Blitz getroffen worden. Auf etwa 7.000 Metern Höhe, so hat sie mir erzählt, sei sie dann wieder zu Bewusstsein gekommen und nach dreieinhalb Stunden Flug etwa 60 Kilometer vom Startplatz entfernt gelandet. Bis auf einige Erfrierungen im Gesicht und an den Unterschenkeln ist ihr nichts passiert. Sie war natürlich nicht die Einzige, die an diesem Tag einen Trainingsflug absolviert hat. Ihr Kollege He Zhongpin wurde in der Gewitterwolke ebenfalls hochgerissen und vom Blitz getroffen. Er starb.

Hat sie mit Gleitschirmfliegen weitergemacht?

Ja, das hat sie und sogar sehr erfolgreich. Aber Wind kann nicht nur durch das Aufsteigen von Warmluft entstehen, wie in diesem Fall. Es ist auch möglich, dass Kaltluft nach unten fällt und Wind auslöst.

Wo ist das möglich?

Ab und zu kann man fallende Kaltluft sogar beobachten. Ist der Aufwind bei großen Gewittern extrem stark, dann fällt aus dem oberen Teil der Gewitterwolken die Luft hinunter. Die Wolken wölben sich dann nach unten aus. Wir nennen das Mammatus. Auch bei einigen Schleierwolken sind ab und zu herabstürzende Luftströmungen zu sehen. Die feinen Eiskristalle werden dann mit dem Fallwind abwärtsgezogen und machen den Sturzflug der Luft sichtbar. Die häufigsten Fallwinde findet man allerdings über den Gletschern. Sie füttern die schwere Kaltluft auf ihrem Weg ins Tal fortwährend mit Kälte. Normalerweise erwärmt sich Luft auf dem Weg nach unten, weil der Luftdruck steigt und die Luft so zusammengepresst wird wie in einer Luftpumpe. Der Gletscher verhindert diese Erwärmung, sodass der Luftstrom ins Tal kälter und schwerer bleibt als die Luft in der Umgebung, obwohl sie nach unten strömt. So kann ein abendlicher sogenannter katabatischer Fallwind schon mal Sturmstärke erreichen. Niederschlag bringt er aber nicht.

Das ist logisch. Denn bei der Abwärtsbewegung wird die Luft langsam wärmer und kann dann mehr Feuchtigkeit aufnehmen. So wirken kalte Fallwind wolkenauflösend.

All die Luft, die durch die Sonneneinstrahlung nach oben transportiert wird, muss an anderer Stelle wieder absinken. Auf diese Weise entstehen die Hochdruck-gebiete. Damit die Luftdruckwerte der Hochs und Tiefs vergleichbar sind, berechnet man diese immer auf Meeresspiegelniveau. Da die Luft mit der Höhe immer dünner wird, sinkt auch der Luftdruck mit der Höhe. Während der mittlere Druck in Höhe des Meeresspiegels 1.013,2 hPa beträgt, misst man auf der Zugspitze Werte um 700 hPa.

Extremes Ereignis +++ Der spektakuläre Sonnenuntergang im Kaukasus hat es in sich. Die gewaltige Gewitterwolke hat Mammatus ausgebildet. Du siehst sie in oranges Sonnenlicht getaucht, wie sie sich nach unten aus der Wolkendecke herauswölben. Sie geben Hinweis auf starke Fallwinde in diesem Bereich. Wo allerdings solche starken Fallwinde am Rande einer Gewitterwolke auftreten, ist der Aufwind innerhalb des Unwetters besonders groß. Dann muss mit Sturm, Hagel und Starkregen gerechnet werden.
Das Foto ist am Rande des Berges Elbrus in Russland entstanden. +++

Elbrus

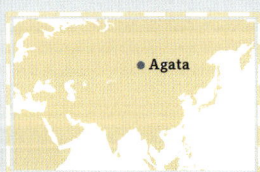

Das ist tiefer als der jemals in einem Sturm gemessene Luftdruck. Man merkt, wie die Luft da oben dünner wird. Ich war mal auf dem Aiguille du Midi auf 3.842 Metern Höhe. Man hat zwar einen unglaublichen Blick auf den Mount Blanc, aber das Atmen fällt einem schon deutlich schwerer als im Tal. Die kräftigsten Hochdruckgebiete, in denen unglaubliche Mengen an Luft absinken, liegen im Winter über Russland. Am 31. Dezember 1968 wurde im Ort Agata der Weltrekord gemessen: 1.083,8 hPa. Da hat man zwar genug Luft zum Atmen, muss sich allerdings vor der eisigen Kälte Sibiriens schützen.

Am stärksten scheint die Sonne am Äquator. Dann müsste es dort doch auch die meisten Tiefdruckgebiete geben. Warum haben wir dann über dem Atlantik so viele Stürme?

Tatsächlich steigen dort, wo die Sonne im Zenit steht, unglaubliche Mengen an erwärmter Luft auf. Das passiert in der Tat um den Äquator herum. So entsteht ein Ring um die Erde, der nicht gleichmäßig ist und ständig mit der Sonne hin und her wandert: die Innertropische Konvergenzzone (ITC).

Konvergenz bedeutet so viel wie Zusammenströmen. Denn dort, wo die Luft in diesem Ring aufsteigt, kommt sie von Norden und Süden her herangeströmt. Und weil diese Winde extrem stabil sind, habe sie feste Namen: Sie werde Passate genannt. Gehen wir vom Äquator einmal nach Norden, dann treffen wir über dem Atlantik auf den Nordostpassat. Dieser weht aus einer Region kommend, in der die Luft zu Boden sinkt, die zuvor in der Innertropischen Konvergenzzone aufgestiegen ist.

Das Azorenhoch liegt genau an dieser Stelle und schickt nicht nur Luftmassen mit dem Passat in Richtung Äquator, sondern auch sehr viel feuchte Warmluft in den Norden. Dort wiederum steigen die Luftmassen auf und verwirbeln in den Tiefdruckgebieten.

Wir haben einen Film herausgesucht, der die Windkreisläufe gut visualisiert.

Wenn du mal sehen möchtest, wie man sich auf dem Mount Washington gegen Windböen von fast 180 Kilometern pro Stunde stemmt, dann ist dieser Film genau das Richtige.
https://www.youtube.com/watch?v=lc3a1fqit-4

Orkanböen können so stark werden, dass sie selbst Lastwagen umwerfen.
https://www.youtube.com/watch?v=-3LnffRWHoM

Dokumentation über den Einsatz von Rettern, die während des Orkans Kyrill selber von umstürzenden Bäumen bedroht wurden.
https://www.youtube.com/watch?v=9v9o_RP0zyE

Hier kannst du sehen, wie die Kreisläufe des Windes funktionieren:
https://www.youtube.com/watch?v=Z1YgwAgTtng

Dieser französische Film zeigt, wie die Gleitschirmfliegerin Ewa Wiśnierska einen Flug durch eine Gewitterwolke überlebte.
https://www.youtube.com/watch?v=51WG090UbUY

Das Foto zeigt einen Sturm im Hochgebirge, der gewaltige Mengen Schnee verfrachtet. Ähnlich starke Winde treten bei Föhnstürmen auf, die auch für die zahlreichen Windrekorde in den Alpen verantwortlich sind.

Stürme können auch gewaltige Fluten mit sich und ganze Seen und Meere zum Schaukeln bringen. Wenn du wissen willst, warum die Ostsee wie eine Badewanne funktioniert, dann lies weiter auf Seite 40.

Heftige Stürme können Riesenwellen verursachen, die 30 Meter hoch sind. Was geschah, als eine solche Welle auf ein Kreuzfahrtschiff traf, erfährst du im nächsten Kapitel. ■

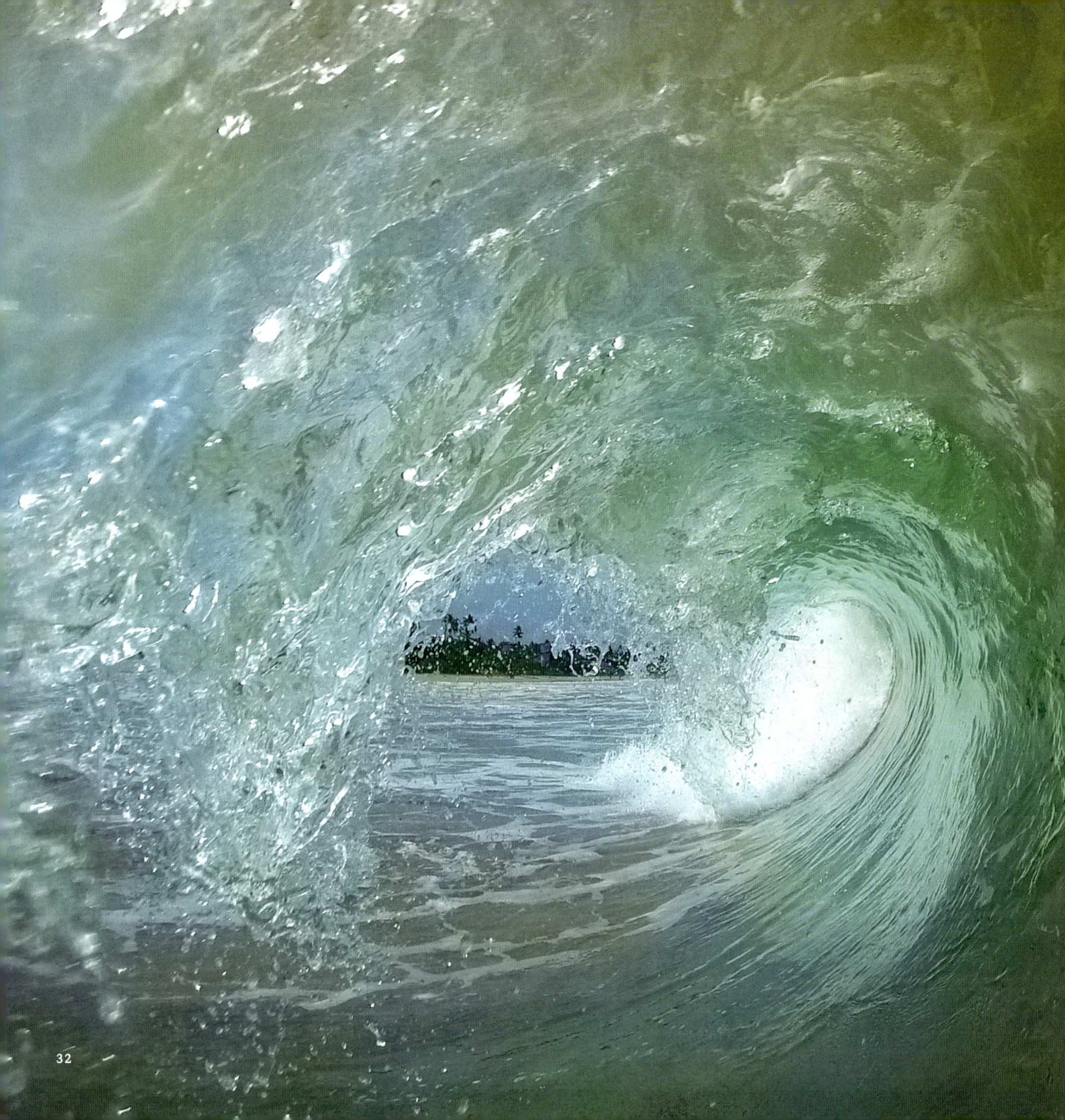

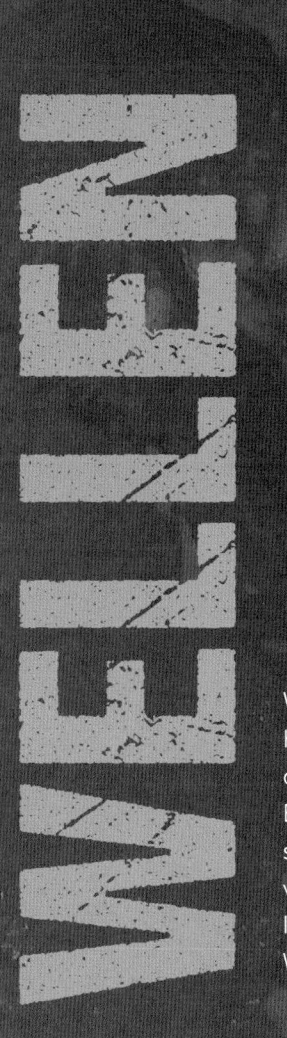

WELLEN

Wellen entstehen durch den Wind auf dem Meer.
Kommen sie in flachem Wasser in Richtung Strand,
dann werden sie langsamer.

Eine ursprünglich zwei Meter breite Welle verkürzt
sich auf einen Meter. Weil ihre Energie aber nicht
verloren gehen kann, wächst sie in die Höhe.

Irgendwann wird die Schwerkraft an der Spitze der
Welle zu groß, und diese bricht.

WELLEN

WAS TUN, WENN EINE WELLE HOCH WIE EIN HAUS AUF DICH ZUKOMMT?

Sie werden Riesenwellen, Freakwaves oder Kaventsmänner genannt, und eigentlich entstammen sie den Sagen und alten Geschichten früherer Seefahrer. Auf der Reeperbahn in Hamburg haben schon viele Kapitäne haltgemacht. In den Kneipen versetzten sie ihre Zuhörer in Staunen, wenn sie über ihre Erlebnisse mit haushohen Wellen erzählten. Manch ein Matrose oder Offizier wird mit bunt ausgeschmückten Geschichten geprahlt haben und wollte mit seinen Erzählungen sicher auch die eine oder andere Dame beeindrucken. Ob es geklappt hat, ist nicht überliefert. Sicher ist, es waren nicht immer ausgedachte Geschichten oder Seemannsgarn, wie man solche Fake News früher nannte. Es gibt diese Monsterwellen wirklich.

Diese Monsterwellen müssen ja eine unglaubliche Kraft haben, wenn ich bedenke, wie viel Gegenkraft es kostet, mich am Strand gegen zwei Meter hohe Wellen zu stemmen. Beim Surfen fährt der Respekt vor der Welle immer mit.

Und jetzt stell dir vor, die Welle ist nicht zwei, sondern 20 Meter hoch. Eine unvorstellbar hohe Wand aus Wasser baut sich vor einem Schiff auf, der Wellenkamm ist so weit oben wie die Dachrinnen an einem Hochhaus mit fünf Stockwerken.

Es sind ja auch schon Schiffe von solchen Wellen getroffen worden.

Ja. Ich erinnere mich noch gut an Kapitän Heinz Aye. Er berichtete auf dem zweiten ExtremWetterKongress im März 2007 über das, was ihm und seinen Passagieren am 22. Februar 2001 passierte. Aye war Kapitän auf der MS BREMEN, einem Passagierschiff, das Reisen in die Antarktis unternimmt.

Extremes Ereignis +++ Stürme peitschen die Wellen an den Strand. Trifft eine Welle auf die senkrechte Kaimauer, schießen die Wassermassen auf die fünffache Höhe der Welle empor. Für den Leuchtturm ist es weniger gefährlich, als es aussieht, da die Richtung der Kraft von der Kaimauer nach oben umgelenkt wurde. Die Wellen schießen senkrecht nach oben und bewegen sich damit parallel zum Turm. Dieser wird sehr nass, bleibt aber in aller Seelenruhe stehen. +++

Und er hat wirklich eine solche Welle erlebt?
Er hat sie im Südatlantik vor Argentinien mehr als nur
erlebt. Er hat sie überlebt und schilderte mir den Tag
als stürmisch, und die See waberte mit Wellen, die oft
zehn Meter hoch waren. Dann aber tauchte vor ihm
eine Welle auf, die bis zu 35 Meter hoch gewesen sein
könnte. Es gibt einen schönen Satz in der Wiener Bau-
ordnung, der mir dazu einfällt. Dort steht: »Hochhäuser
sind Gebäude, deren oberster Abschluss einschließlich
aller Dachaufbauten gemäß § 81 Abs. 6 und 7 mehr
als 35 m über dem tiefsten Punkt des anschließenden
Geländes liegt.«

Vor dem Schiff stand also ein Hochhaus aus Wasser. Bei kleineren Wellen tauche ich. Ich weiß, dass
man früher dachte, es wäre sinnvoll, mit voller Kraft
direkt auf die Welle zuzuhalten, damit die Welle das
Schiff von vorn trifft, wo es am stabilsten ist. Aber
inzwischen hat man die Erkenntnis, dass es besser
ist, die Welle leicht schräg hinaufzufahren und auch
schräg wieder hinunter.
In der kurzen Zeit müssen Kapitän und Steuermann
es erst einmal schaffen, das Schiff in diese Position zu
bringen. Große Manöver sind kaum zu schaffen.

Hat es Kapitän Aye geschafft?
Meines Wissens nach hat ihn die Welle direkt von
vorn getroffen. Der Wellenberg stürzte mit ungeheurer
Kraft auf das Vorschiff und traf die Brücke mit voller
Wucht. Er kann von Glück sagen, dass das Schiff dabei
nicht zerbrach oder umgeworfen wurde. Viel hat zum
Untergang, glaube ich, nicht gefehlt. Die Fenster auf
der Brücke hat die Welle einfach eingedrückt. Faust-
dicke Eisenstangen wurden gebogen und die Technik
unter Wasser gesetzt. Nur mit viel Glück ist keinem
an Bord etwas passiert. Das Schiff trieb zwei Stunden
manövrierunfähig auf dem Ozean und wurde von den
Wellen hin und her gerissen.

Wäre es in diesem Moment zu einer weiteren
Riesenwelle gekommen, das Schiff hätte durchaus
sinken können.

Zum Glück kam keine. Ein solches Schiff kann immer
auch aus dem Maschinenraum heraus gesteuert werden, und so hat es die Mannschaft tatsächlich geschafft,
sich aus der Umklammerung des Sturms zu befreien.

Wie können solche gewaltigen Wellenberge
eigentlich entstehen? Reicht Wind als Erklärung aus?
Der Wind ist tatsächlich die wesentliche Ursache.
Computersimulationen zeigen, dass sich die Wassermassen bei der Überlagerung von Wellen so weit
aufschaukeln können. Im Seegebiet südöstlich vom
Kap der Guten Hoffnung in Südafrika kommt es
sehr häufig zu Wellen oberhalb der 20-Meter-Marke.
Hier türmen Stürme große Wellen auf, die mit der
Strömung von Westen her unterwegs sind. Auf der
Ostseite Südafrikas gibt es eine entgegengesetzte
Meeresströmung. Wenn nun diese großen Wellen in
diese Strömung hineinlaufen, werden sie langsamer
und türmen sich auf. Entgegenkommende Wellen
laufen durch die großen Brecher hindurch. Es kommt
zu einer Überlagerung. Dieses Zusammentreffen ist
meist sehr kurz.

Südatlantik

**Extremes Ereignis +++
Das Kreuzfahrtschiff
MS Bremen wurde am
22. Februar 2001 im
Südatlantik vor
Argentinien von einer
rund 35 Meter hohen
Welle getroffen. Hier
ist das Schiff auf einer
Fahrt durch die ruhi-
geren Gewässer des
Amazonas zu sehen. +++**

Das kann jeder in der Badewanne gut nachmachen. Man schiebt einfach von beiden Seiten zwei Wellen aufeinander zu. In dem Moment, wo sie sich treffen, ist der Wellenberg für einen kurzen Moment viel höher als die einzelnen Wellen.

Wenn es keine besonderen Meeresströmungen gibt, dann spielt die Geschwindigkeit der Wellen, die vom Wind geschoben werden, eine große Rolle: Nicht alle Wellen sind gleich schnell unterwegs, und so passiert es, dass die schnellere Welle die langsamere einholt.

Dann bauen sich beide für eine ganze Weile immer höher zu einer gemeinsamen Welle auf, bis die schnellere Welle quasi durch die langsamere hindurchgerollt ist. Wie lange dauert so etwas?

Nur wenige Minuten. In diesem Moment ist der Wellenberg am höchsten und kann tatsächlich bis zu 35 Meter hoch werden. Das ist eine der möglichen Erklärungen dieser Wellenform.

Kann es solche Wellen auch in der Nordsee geben? Oder sind wir davor bei uns sicher?

In der Nordsee und auch im Mittelmeer hat es sie schon gegeben. Im Mittelmeer wurde im März 2010 vor der spanischen Küste das Kreuzfahrtschiff LOUIS MAJESTY von einer Riesenwelle getroffen. Die Welle zerstörte auf Deck 5, also im fünften Stockwerk, die Scheibe eines Salons. Der Salon, acht Meter über der Wasserlinie, wurde geflutet. Ein 69-jähriger Rentner aus Nordrhein-Westfalen und ein italienischer Gast wurden gegen Möbel geschleudert und starben. 14 Reisende erlitten Verletzungen. Die Nordsee ist besonders spannend, weil Monsterwellen hier zum ersten Mal nachgewiesen wurden.

Monsterwellen haben eine gewaltige Kraft. Sie schlagen Löcher in die Rümpfe von Schiffen. Sieht ein Kapitän eine Riesenwelle auf sich zukommen, so ist es am sichersten, das Schiff im 45-Grad-Winkel zur Welle zu bringen. Trifft die Welle das Schiff frontal, kann es ins Wellental stürzen. Von der Seite getroffen, kann das Schiff leckschlagen oder kentern.

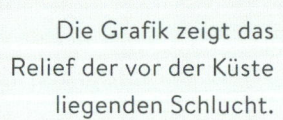
Die Grafik zeigt das Relief der vor der Küste liegenden Schlucht.

Extremes Ereignis +++ 120 Kilometer nördlich von Lissabon liegt ein Strand, an dem Wellen mit bis zu 35 Metern Höhe zu beobachten sind. Der Surfer Garrett McNamara stellte hier am 30. Januar 2013 einen Weltrekord im Wellensurfen auf. 30 Meter hoch war die Welle, die einen Eindruck gibt, wie hoch diese Ungetüme sein können. Das Bild zeigt eine solche Welle. Sie entstehen vor allem durch die besondere Form des Meeresbodens. Vor der Küste liegt eine 200 Kilometer lange Schlucht, die bis zu 5.000 Meter tief ist und wie ein Trichter auf die Küste zuführt. Erst kurz vor dem Strand wird das Wasser deutlich flacher. Die Wellen werden langsamer und wachsen in die Höhe. Zum Nachmachen ist das Wellensurfen nicht geeignet. Dass es lebensgefährlich ist, erklärt sich von selbst. +++

Lissabon

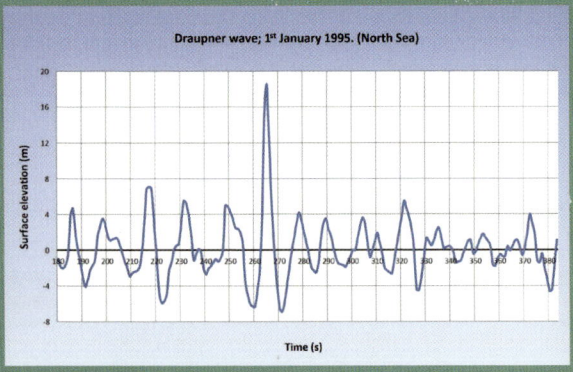

Draupner wave; 1st January 1995. (North Sea)

Extremes Ereignis +++ Manchmal besteht ein extremes Ereignis nur aus einer Kurve. Der Wellenverlauf zeigt, dass eine Monsterwelle aus dem Nichts kommt. Die Aufzeichnung stammt von der Ölplattform Draupner-E in der Nordsee, wo diese Welle am 1. Januar 1995 um 16:20 Uhr Geschichte schrieb. Zum ersten Mal wurde eine so hohe Welle registriert. +++

Wie macht man das? Mit Satelliten? Man kann ja schlecht einen Zollstock in die Welle halten.

Heutzutage werden diese Wellen meist mit Satelliten erforscht und gefunden, die Radarsignale absenden. Am Rücksignal kann man sehen, welche Ausdehnung eine Welle hat. 1995 aber gab es tatsächlich so eine Art Zollstock. An einer norwegischen Bohrinsel namens Draupner-E hatten Wissenschaftler in verschiedenen Höhen Messgeräte für Wellen montiert. Dann kam der Neujahrstag 1995. Ein kräftiges Sturmtief lag über Südschweden und peitschte seit fast 24 Stunden über die Nordsee hinweg. Ein eiskalter Nordweststurm schob die Wellen laufend auf Höhen um die zwölf Meter. Graupelschauer zogen über das Meer. Um 16:20 Uhr änderte sich die Welt der Wissenschaft.

Mit einer Geschwindigkeit von etwa 100 Kilometern pro Stunde hob sich das Wasser 26 Meter in die Höhe.

So schnell war die Welle?

Du kannst dir vorstellen, welche Kraft in einer Welle steckt, die mit dieser Geschwindigkeit auf einen zurollt.

Damit war bewiesen, dass es solche riesigen Wellen wirklich gibt und dass Monsterwellen keine Märchen sind.

Am selben Tag wurde der Seenotkreuzer ALFRIED KRUPP in der Deutschen Bucht vor Borkum von einer Riesenwelle getroffen. Zwei Seemänner, die anderen geholfen hatten, wurden von Bord gerissen und starben. Das Schiff drehte sich einmal um die eigene Achse und richtete sich wieder auf. Die Nordsee ist an dieser Stelle rund 25 Meter tief. Wellen, die dann 10 oder 15 Meter hoch auflaufen, wühlen sich bis an den Grund. Meteorologen und Seefahrer nennen dieses Phänomen deshalb auch Grundsee. Auf dem Weg in Richtung Küste werden die Wellen langsamer und steiler, bis sie brechen. Bei extrem starker Grundsee kann ein Schiff mit genügend Tiefgang im Wellental sogar auf dem Grund aufsetzen. Und wenn dann in so einem Seegebiet eine Welle von über 20 Metern entsteht, dann kann man sich ausmalen, welche Folgen das für ein Schiff hat.

• Reynisdrangar

Aussicht auf Sturm. Der Blick vom Strand bei Reynisdrangar auf Island zeigt den tosenden Atlantik unter Einwirkung eines Islandtiefs.

Extremes Ereignis +++ Die MV FRESHWATER ist als Passagierfähre zwischen Circular Quay und Manly am Hafen von Sydney unterwegs. Zur Besatzung des Schiffs gehört auch Haig Gilchrist, der am 4. März 2017 dieses Foto aufnahm. Das Schiff trotzt den drei bis vier Meter hohen Wellen an diesem Tag, die ein Sturmtief über das Meer schickt. Mit diesem Foto wurde er weltweit bekannt, als er es bei Instagram postete. Etliche Tausend Menschen haben ihn inzwischen abonniert: https://www.instagram.com/ihaig72/ +++

Wellen sind ja nie gleich. Es gibt neben den riesigen Wellenbergen auch gewaltige Wellentäler oder mehrere aufeinanderfolgende riesige Wellen. Beim Wellensurfen überholt man manchmal mit der schnelleren Welle eine langsamere und surft auf der größeren der beiden weiter. Es gibt im Internet nicht nur unglaublich viele Berichte über Riesenwellen, sondern auch Filme, die einen Surfer zeigen, wie er eine 34 Meter hohe Welle surft. Ein paar von den Filmen und Berichten haben wir dir rausgesucht.

Dieses Video zeigt eine realistische Rekonstruktion der Rekordwelle in der Nordsee.
https://www.youtube.com/watch?v=K_JOBOvJEOg

Auch an der Küste kann es gewaltige Wellen geben. Extremsportler nutzen diese sogar zum Surfen. Dieses Video zeigt den Weltrekord auf der höchsten jemals gesurften Welle (französischer Ton mit deutschen Untertiteln).
https://www.youtube.com/watch?v=I5g6I-FOguQ

Diese Dokumentation zeigt die Entstehung der Welle, wie vom Ende der Welt.
https://www.youtube.com/watch?v=u43Md0LBu1M

Das Meer ist natürlich nicht immer so wild und gefährlich. Aber wusstest du, dass auch Windstille auf See gefährlich ist? Mehr dazu ab Seite 122.

Wellen gibt es nicht ohne Wind. Über die schwersten Stürme berichten wir ab Seite 16. ■

FLUTEN

Extremes Ereignis +++
Nach tagelangem Dauerregen
standen am 27. August 2017
weite Teile der Millionenmetropole
Houston im US-Bundesstaat Texas
unter Wasser.

Das Bild zeigt die Überschwemmungen durch Hurrikan Harvey
am East Cypresswood Drive
in Spring, einem Vorort nördlich
von Houston. +++

Spring

FLUTEN

VON SCHWANKENDEN SEEN UND MAMMUTS IN DER NORDSEE

Am Samstagmorgen des 26. Juni 1954 arbeiteten viele Fischer vor ihren Hütten am Michigan-See im Norden der Vereinigten Staaten. Der North Avenue Pier war wie viele Straßen in Chicago noch nass vom Gewitter, welches in den frühen Morgenstunden von Nordwesten her über den See hinweggerauscht war und schwere Sturmböen mit sich brachte. Inzwischen hatte sich das Wasser wieder beruhigt. Einige Wellen waren am Strand zu sehen. Bis um 9:30 Uhr das Wasser des Sees ohne jede Vorwarnung um drei Meter stieg. Binnen weniger Sekunden verwandelte sich die beschauliche Stimmung in eine lebensgefährliche Situation. Viele Fischer wurden von den Wellen in den See gerissen. Die meisten wurden gerettet. Acht Fischer kamen bei dem Ereignis jedoch ums Leben.

Das erinnert mich an die Bilder großer Tsunamis. In diesem Fall aber war aber kein Erbeben die Ursache, sondern der Wind. Er muss dem See einen mächtigen Schubs gegeben haben.

Und was für einen. Das Phänomen nennt sich Seiche. Anders als beim Tsunami kommen in diesem Fall keine Riesenwellen. Der Wasserspiegel steigt mit den Wellen darauf insgesamt an. Was die Fischer nicht wussten: Das schwere Unwetter hatte eine Böenwalze, eine Squall-Line, mit sich geführt. Mit Orkanböen zog diese Wolkenwand mit Hagel und starkem Regen über den See hinweg. Der kurzzeitige, aber heftige Sturm, der den See nach Südosten überquerte, versetzte dem Michigan-See einen regelrechten Schlag. Das Wasser des Sees schwappte in Richtung Südosten und kam gegen 8:10 Uhr am Südostufer an. Der Wasserspiegel stieg rasch um rund 1,5 Meter an.

Die Wassermassen prallten am Ufer ab und bewegten sich nun in Richtung Chicago.

Die Entfernung von rund 100 Kilometern quer über den See schaffte die Seiche in einer Stunde und 20 Minuten. Das entspricht einer Geschwindigkeit von 75 Kilometern pro Stunde und damit ungefähr der durchschnittlichen Windgeschwindigkeit, mit der die Wellen durch das Gewitter angeschoben wurden. Erdbebenwellen sind viel schneller.

Wie bei Ebbe und Flut steigt und sinkt der Wasserstand. Das passiert jedoch innerhalb von wenigen Minuten.

In den USA gab es immer wieder Beobachtungen dieses Phänomens, doch konnte es bis 1954 keiner so recht erklären. Entdeckt hat diesen Vorgang der Franzose François-Alphonse Forel aber schon im 19. Jahrhundert bei seinen Besuchen am Genfer See. Bei besonderen Windverhältnissen kann der See hin und her schaukeln, wie in einer Badewanne. Besonders stark ausgeprägt sind die Seichen aber auf den Großen Seen im Norden Amerikas, und das Ereignis aus dem Jahr 1954 hält den Rekord für die höchste Seiche, die jemals aufgetreten ist.

Erstes Bild einer Seiche, aufgenommen an der East Bay in Traverse City im Norden des US-Bundesstaates Michigan am 5. Mai 1952 um 6:00 Uhr morgens.

Das zweite Bild zeigt den gleichen Ort nur sieben Minuten später. Der Wasserstand des Michigan-Sees ist in dieser Zeit um einen Meter gestiegen.

Auch auf der Ostsee gibt es dieses Phänomen. Bei starken Weststürmen hört man immer wieder mal in den Nachrichten, dass der Schiffsverkehr in Travemünde und Kiel beeinträchtigt ist, weil der Wasserspiegel so stark gesunken ist. Das Wasser ist mit dem Wind in Richtung Osten geschoben worden. Zieht der Sturm aber weiter – oder schlimmer noch, es stellt sich Ostwind danach ein –, dann schwappt das Ostseewasser wirklich wie in einer großen Badewanne zurück, und es kann zu Ostseehochwasser kommen.
Das stimmt. Und es ist auch richtig, dass du von Hochwasser und nicht von einer Sturmflut sprichst. Da die Ostsee keine besonderen Unterschiede zwischen Ebbe und Flut aufweist, kann es logischerweise keine Sturmflut geben. Das höchste bekannte Sturmhochwasser ereignete sich an der Ostsee in der Nacht vom 12. auf den 13. November 1872. Das Wasser stand damals 3,3 Meter über dem normalen Wasserstand. 271 Menschen kamen in Deutschland und Dänemark ums Leben.
Woher weiß man das so genau? Es gab damals noch kein Internet.
Aber es gab Kirchen, in denen es für die Opfer Trauerfeiern und Beerdigungen gab. Auch gab es natürlich schon Zeitungen und Reporter, die von solchen Unglücken berichteten. Mit Telegrafen wurden die Informationen übermittelt.

Stand das Sturmhochwasser auch hier in Verbindung mit einer Seiche?
In der Tat. In den Tagen vor dem Hochwasser zog mindestens ein Orkantief über die Nordsee und Südskandinavien hinweg nach Nordosten. Der Südweststurm drückte das Wasser der Ostsee bis nach Finn-

Mammuts weideten nach der Eiszeit in weiten Teilen der noch existierenden Tundra- und Steppenlandschaft in Europa. Auf einer großen Insel in der Nordsee, die nach der Eiszeit durch den steigenden Meeresspiegel entstand, wurden sie vom Wasser eingeschlossen. Überreste von Knochen haben Wissenschaftler am Meeresgrund der Nordsee gefunden, genau dort, wo Doggerland bis vor rund 7.500 Jahren noch eine Insel war.

land. An der deutschen Ostseeküste entstand eines der stärksten Niedrigwasser. Über die Verbindung zwischen Nord- und Ostsee strömten gewaltige Mengen Wasser nach, sodass am 12. November erheblich mehr Wasser in der Ostsee war als normalerweise. Der Sturm zog weiter, und das Wasser schwappte von Finnland aus zurück.

Damit stieg der Wasserstand in kurzer Zeit wieder stark an.

Die Seiche setzte ein. Hinzu kam allerdings ein weiterer Sturm, der von Nordosten her blies und weiteres Wasser in Richtung Südwesten drückte. Hier war inzwischen das einströmende Wasser aus der Nordsee angekommen. Durch die Überlagerung dieser drei Effekte kam es zum bisher höchsten Sturmhochwasser an der Ostsee mit all seinen Folgen. An der Nordsee sieht es anders aus. Hier gibt es vor allen Dingen die Gefahr durch Sturmfluten, bei denen die Kombination aus Gezeiten und Wind entscheidend ist und die deshalb hier auch besonders heftig ausfallen können.

Welche Sturmflut war denn die bisher schwerste an der Nordseeküste?

Das ist eine gute Frage, und sie ist nicht eindeutig zu beantworten. Das hängt auch davon ab, wie weit man zurückschaut, ob eher Landverluste entscheidend sind oder die Zahl der Opfer.

Vielleicht der Reihe nach?

Dann gehen wir wirklich ein paar Tausend Jahre zurück. Vor 20.000 Jahren lag über Nordeuropa ein gewaltiger Gletscher, der von Schweden aus kommend so weit nach Deutschland vorangekommen war, dass man von der Alster in Hamburg aus die 100 Meter hohe Eiskante hätte sehen können.

Wir befinden uns also in der Eiszeit. Damals war so viel Wasser gefroren, dass der Meeresspiegel rund 100 Meter tiefer lag als heute. Es gab keine Nordsee, und wo jetzt Robben und Fische leben, wanderten Gruppen von Mammuts und Herden von Rentieren. Elbe und Weser flossen als gemeinsamer Strom bis zur Mündung im Seegebiet südwestlich von Norwegen. Als das Eis schmolz, stieg der Meeresspiegel mit einer Geschwindigkeit von etwa 0,8 Millimetern im Jahr an. Das klingt nach sehr wenig, aber binnen 12.000 Jahren war von der einstigen gewaltigen Landfläche nur noch eine sehr große Insel übrig: Doggerland. So heißt die letzte Anhöhe inmitten der Nordsee, die an ihrer flachsten Stelle heute knapp 13 Meter unter dem Meeresspiegel liegt. Das Meer hat in den letzten 20.000 Jahren nach dem Ende der Eiszeit gewaltige Flächen Land überflutet. Doggerland ging wahrscheinlich bei einem Tsunami vor 5.500 Jahren vollständig unter. Die damals nur noch

Doggerland

Unsere Vorfahren haben dort gejagt, wo heute die Weiten der Nordsee liegen. Am Ende der Eiszeit lag der Meeresspiegel über 100 Meter tiefer.

wenige Meter über dem Meer liegende Insel wurde wahrscheinlich überflutet, als vor Norwegen eine Hangrutschung unter dem Meer eine gewaltige Welle auslöste. Danach blieb von Doggerland wahrscheinlich nur eine Sandbank übrig.

Aber Sturmfluten werden immer wieder die treibende Kraft gewesen sein, oder?

Auf jeden Fall. Gibt es einige Jahrzehnte mal keine schwere Sturmflut, häuft der Wind Dünen auf. Diese halten dann auch kleineren Sturmfluten stand. Auf diese Weise vollzogen sich bei steigendem Meeresspiegel die Überschwemmungen schubweise. Irgendwann kommt es zu einer besonders schweren Sturmflut, bei der dann der Dünensaum an seinen tieferen Stellen durchbrochen wird. Das Wasser strömte dann in das Hinterland und spülte auf dem Rückweg viel Sand ins Meer. So entstanden neue Küstenlinien und Inseln. Eine der ersten Fluten, bei denen dieser Vorgang durch Augenzeugen dokumentiert wurde, war die Erste Marcellusflut im Jahre 1219. Man nennt sie auch die erste Grote Mandränke, was so viel heißt wie das »große Menschenertrinken«. Damals gingen weite Teile der Niederlande unter.

Wie das? Lagen die Niederlande damals schon so tief?

Ja. Am 16. Januar 1219 soll über der Nordsee ein schwerer Orkan getobt haben, der in der folgenden Vollmondnacht einen heftigen Nordweststurm brachte und dazu führte, dass an der Nordseeküste die natürlichen Dünenwälle überschwemmt wurden. So beschreibt es der spätere Abt Emo von Wittewierum, der die Ereignisse wohl in der Provinz Groningen im Norden der Niederlande erlebt hat. Ich sage das so vorsichtig, weil sich nach Berechnungen von dermond.org für den 18. Januar 1219 eine Neumondnacht ergibt. Daraus ergibt sich, dass entweder die Aussage des Vollmondes nicht korrekt ist, die Berechnung der Mondphase nicht stimmt oder das Datum der Flut nicht korrekt übermittelt wurde. Aber entscheidend war, dass bei diesem Ereignis Nordseewasser tief in das bis dahin geschützte Land eindrang und es nach der Flut nicht wieder hergab. Ohne schützende Dünen wäre viele Gebiete der schon damals tief liegenden Niederlande viel früher von Sturmfluten überschwemmt worden. Bei solchen Fluten entstanden an der Nordsee die Inseln und Wattflächen.

Deiche schützen das Land vor schweren Sturmfluten, wie hier bei der Sturmflut am 6. Dezember 2013 in Lauwersoog, Niederlande. Als der komplette Ort Rungholt 1362 in den Fluten der Nordsee unterging, gab es solche gewaltigen Flutschutzanlagen noch nicht.

Und dann veränderte eine gewaltige Sturmflut die Landkarte Schleswig-Holsteins.

Das geschah möglicherweise in der Nacht vom 15. auf den 16. Januar 1362. Rungholt war zu diesem Zeitpunkt ein bedeutender Handelsort. Er wurde von der Flut vollständig zerstört, und sowohl das Gebiet des Ortes als auch große Landflächen in Nordfriesland wurden zu Watt. Die Rungholter hatten allerdings ihr eigenes Grab geschaufelt. Um kostbares Salz zu gewinnen, gruben sie Torf aus, der sich in den Salzmooren um den Ort herum befand. Den salzhaltigen Torf verbrannten die Salzmacher, gaben der Asche Wasser hinzu und konnten in wenigen Arbeitsgängen eine wertvolle Handelsware herstellen. Allerdings wurde ihnen dieser Torfabbau zum Verhängnis, als das Wasser der Flut in die tiefer liegenden Abbauflächen strömte. Die Hütten der Einwohner standen damals auf kleinen Warften aus Grassoden. Sie waren hoch genug für mittlere Sturmfluten, aber sicher nicht hoch genug für ein so schweres Ereignis.

Diejenigen, die Boote hatten, haben vielleicht noch in letzter Not die Küste erreichen können. Vielleicht wäre Rungholt aber in jedem Fall untergegangen. Selbst wenn es den Torfabbau nicht gegeben hätte, hätte das Wasser die Warften überspült und die Hütten weggerissen.

Nicht ausgeschlossen. Heute gibt es nur noch wenige Spuren des Ortes, nahe der Hallig Südfall. Bei diesem extremen Wetterereignis entstanden große Teile des heutigen Wattenmeeres sowie die heutigen Formen sämtlicher Nordfriesischer Inseln. Für die damalige Zeit war es eine unglaubliche Katastrophe.

Heute schützen uns Deiche. Wenngleich auch diese brechen können. 1962 gab es in Hamburg eine schwere Sturmflut, bei der 340 Menschen ums Leben kamen.

Ein gewaltiger Sturm hatte sich damals entwickelt. Von Island aus kommend, rauschte das Orkantief über Norwegen und Schweden hinweg. In der Nacht zum 17. Februar 1962 peitschte der Orkan das Wasser über

Wer sein Auto nicht rechtzeitig wegfährt, der sieht es wegschwimmen. Sturmfluten sind in Hamburg keine Seltenheit. Die Stadt weiß sich davor zu schützen. Das Bild zeigt die Fischauktionshalle am Fischmarkt am 29. Oktober 2017.

Rekord +++ Höchste Sturmflut an der Nordsee, Wasserstand 6,45 m über Normalnull, mit einem Windstau von 4,23 m, gemessen am 3. Januar 1976, Hamburg, während des Orkans Capella +++

In der Nacht zum 16. Februar 1962 brachen in Hamburg bei einer sehr schweren Sturmflut zahlreiche Deiche. Wie hier in Wilhelmsburg stand das Wasser in vielen Stadtteilen meterhoch. Viele Menschen flüchteten, sofern sie konnten, auf ihre Dächer. Für viele kam jede Hilfe zu spät. 340 Menschen starben in den Fluten, davon alleine 315 in Hamburg.

der Nordsee in die Deutsche Bucht hinein. Der 17. Februar lag zwei Tage vor Vollmond. Und bei Vollmond ist das Hochwasser generell am höchsten. Jetzt kam noch ein gewaltiger Sturm hinzu, der aus West bis Nordwest schon am Abend verhinderte, dass sämtliches Wasser mit der Ebbe aus Elbe und Weser ablaufen konnte. Mit der Flut in der Nacht drückte der Sturm das Wasser die Elbe hinauf. Und während die Deiche an der Nordsee fast alle dem Druck der Wassermassen standhielten, brachen viele der alten Deiche entlang der Elbe und in Hamburg. Das Wasser erreichte in Hamburg-St.-Pauli einen Wasserstand von 5,70 Metern über Normalnull. Normal wären für diese Nacht 1,83 Meter über Normalnull gewesen. Der Wind staute das Wasser also 3,87 Meter hoch!

Das war aber nicht die höchste Sturmflut in Hamburg.

Das stimmt. Und es ist gut, dass die Deiche anschließend so massiv erhöht wurden. Vom 13. November bis zum 14. Dezember 1973 folgte zunächst die längste Serie von schweren Sturmfluten, die Norddeutschland je erlebt hat. Sechs schwere Fluten in nur fünf Wochen setzten den Deichen mächtig zu. Auch hier waren es vor allem die Sturmtiefs, die von

Island nach Südschweden zogen, die die höchsten Wasserstände brachten. Den höchsten jemals gemessenen Wasserstand erreichte jedoch der Orkan Capella, der eine gänzlich andere Zugbahn nahm. Von daher ist dieser Sturm besonders interessant. Das Orkantief war von Schottland kommend quer über die Nordsee hinweg in Richtung Jütland (Dänemark) gezogen und brachte der Deutschen Bucht am 2. Januar 1976 zunächst starken Wind aus Süd bis Südost. Am 3. Januar 1976 drehte der Wind auf Westnordwest, die ideale Anströmung für schwere Sturmfluten in Hamburg. Am Abend erreichte der Wasserstand einen nie zuvor erreichten Wert von 6,45 Metern über Normalnull. Normal wäre bei einem Hochwasser 2,22 Meter über Normalnull gewesen. Der Windstau lag demnach bei 4,23 Metern. Die Deiche hielten dem Druck stand.

Könnte dieser extreme Wasserstand auch das Ergebnis der Kombination von Sturm und Seiche gewesen sein? Schließlich gab es vor dem Nordwestorkan starken Süd- bis Südostwind.

Das ist tatsächlich ein kluger Gedanke. Möglicherweise haben wir es bei diesem Orkanereignis erstmalig mit einem zusätzlichen Seicheneffekt zu tun.

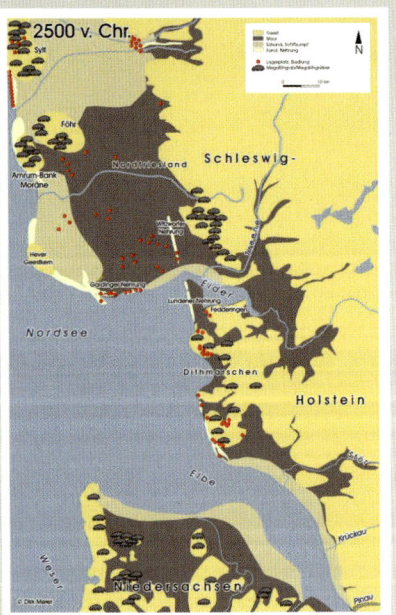
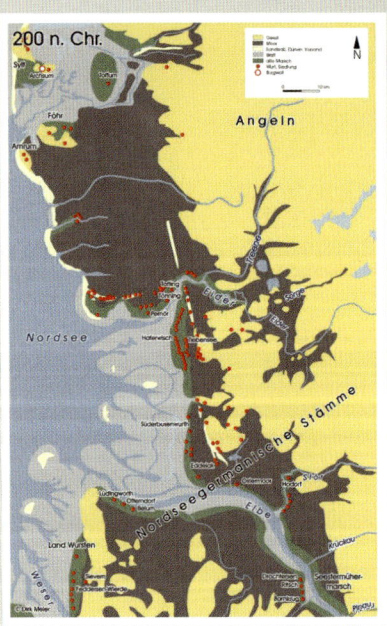
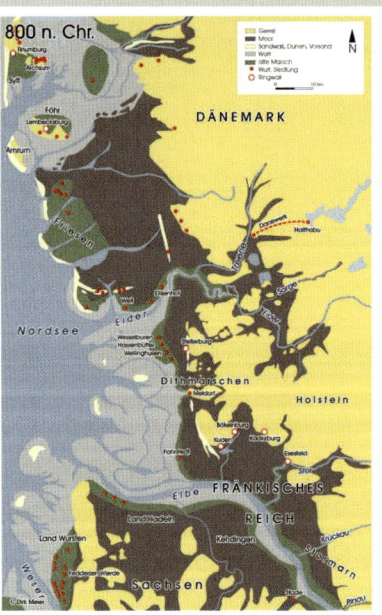
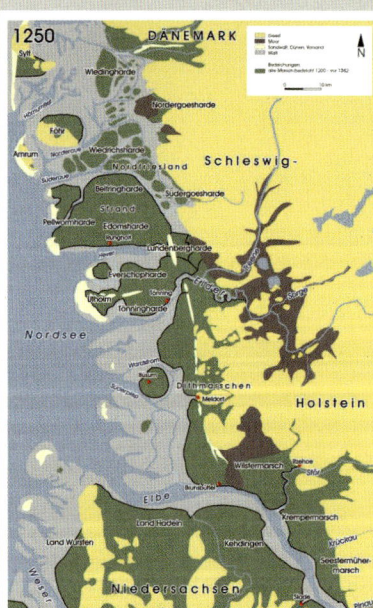

Das Wasser, das mit dem starken Südwind zunächst aus der Deutschen Bucht geweht wurde, könnte am 3. Januar zurückgeschwappt sein. Dieses Phänomen könnte die Wirkung des Sturms noch ergänzt haben.

Warum kommen Sturmfluten immer bei Hochwasser? Wenn der Sturm bei Niedrigwasser wäre, dann wäre auch der Wasserstand viel niedriger, und es bestünde keine Gefahr.

Das hat es tatsächlich auch schon oft gegeben. Oft dauern Stürme aber länger als der Abstand zwischen Hoch- und Niedrigwasser. Sobald ein schwerer Sturm schon während des ablaufenden Wassers aus Westnordwest weht und sich dann zum Hochwasser hin noch verstärkt, kann die Sturmflut in Hamburg besonders hoch auflaufen.

Müssen wir in Zukunft mit höheren und häufigeren Sturmfluten rechnen?

Klimamodelle zeigen keine signifikante Veränderung in der Zahl der Sturmereignisse für die Zukunft. Auch sind keine Veränderungen in Mittelwind und Spitzenböen auf der Nordsee in den letzten Jahrzehnten zu beobachten. Da der Meeresspiegel aber weiter steigen wird, müssen wir die Küsten trotzdem stärker schützen als früher. Im Moment beträgt der mittlere globale Anstieg des Meeresspiegels 3,4 Millimeter pro Jahr. Das ist das Drei- bis Vierfache dessen, was als Anstiegsrate nach der letzten Eiszeit anzunehmen ist. Auch wenn es nach der Eiszeit über einige Jahrzehnte hinweg so hohe Anstiegsraten gegeben haben könnte, sollte uns der jetzige Meeresspiegelanstieg zum weiteren Handeln veranlassen.

Dann sollte man schon mal weiterdenken.

Hier findest du eine gut gemachte Dokumentation von der Sturmflut von 1962 in Hamburg:
https://www.youtube.com/watch?v=tymA51g7hoQ

Dieses Video zeigt die spannende Geschichte der Mammuts auf der längst untergegangenen Insel Doggerland in der Nordsee.
https://www.youtube.com/watch?v=mL6KMYZFl2Q

Wenn du sehen möchtest, wie schnell das Wasser bei einer Seiche kommt und geht, dann schau dir diesen dreiminütigen Film an.
https://www.youtube.com/watch?v=bYI1zIjJr4g

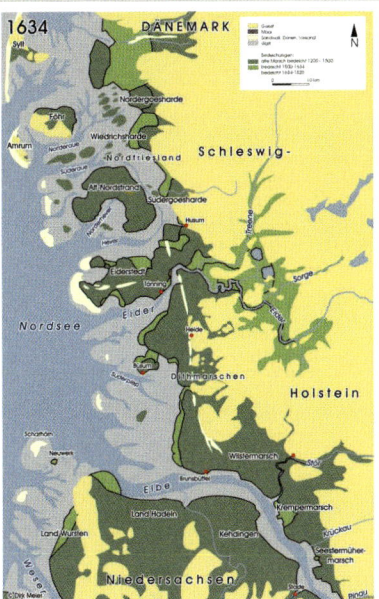

Entwicklung der Küstenlinie an der Nordsee

Schluss mit dem vielen Wind! Dass auch Windstille richtig spannend sein kann, erfährst du ab Seite 122.

Mehr Wind! Über den stärksten Wind der Welt erfährst du mehr ab Seite 16.

Rekord +++ Hurrikans gleich-
zeitig über drei Seegebieten,
Hurrikan Katia (links) während
des Landfalls über dem Golf von
Mexiko, Hurrikan Irma (Mitte)
über der Karibik und Hurrikan
Jose (rechts) über dem zentralen
Atlantik, 8. September 2017 +++

HURRIKANS

HURRIKANS
WENN ALLIGATOREN DURCH DIE STADT LAUFEN

Ein paar Schauer hatte es an jenem vorletzten Donnerstag im August 2017 gegeben. Es war auch abends noch hochsommerlich warm, und ein leuchtender Sonnenuntergang ließ nicht ahnen, was auf die Stadt Houston im US-Bundesstaat Texas zukommen sollte. Houston liegt direkt am Golf von Mexiko.

Die US-Raumfahrtbehörde NASA hat dort ihren Sitz.

Hurrikan Harvey war der bisher schwerste Hurrikan hinsichtlich Niederschlagsmenge und Schäden in den USA und damit noch folgenschwerer als der Hurrikan Katrina im Jahr 2005.

Die NASA wird bei den nun kommenden Ereignissen eine große Rolle spielen.

Es gab mal diesen Satz: »Houston, wir haben ein Problem.«

James Lovell sprach diesen Satz am 13. April 1970, als er auf dem Weg zum Mond ein Problem an Bord der Raumfähre feststellte. Nun sollte Houston selber ein Problem bekommen. Ein ziemlich großes sogar. Über dem Golf von Mexiko hatte sich am Donnerstag, dem 24. August 2017, ein gewaltiger Hurrikan entwickelt. Als seine Wolken in der Nacht zum Freitag die Küste von Texas erreichten und der Regen einsetzte, begann für viele Menschen in der Region ein Albtraum. Hurrikan Harvey zog heran und brachte der Stadt Houston einen heftigen Sturm. Aber viel schlimmer war der Regen! Binnen zwei Tagen fielen in Houston rund 720 Liter Regen auf jeden Quadratmeter. Würde das Wasser nicht ablaufen oder versickern, es stünde auf jedem Quadratmeter 72 Zentimeter hoch! Das entspricht etwa der Jahresmenge bei uns. Dieser Hurrikan durchbrach sämtliche Regenrekorde in der Region: In Pearland, einem Vorort von Houston, fielen in 90 Minuten sage und schreibe 252 Liter Regen auf jeden Quadratmeter. Den absoluten Rekord stellte der Ort Nederland, rund 150 Kilometer östlich von Houston, auf. Hier fiel die Rekordmenge von 1.539 Litern Regen je Quadratmeter. Nie zuvor hatte es bei einem Hurrikan so viel Regen gegeben.

Hurrikan Harvey kreist am 26. August 2017 um 13:30 Uhr Ortszeit über Texas. Das Auge ist auf halber Strecke zwischen San Antonio und Victoria noch gut zu erkennen, obwohl der Hurrikan bereits über Land zieht.

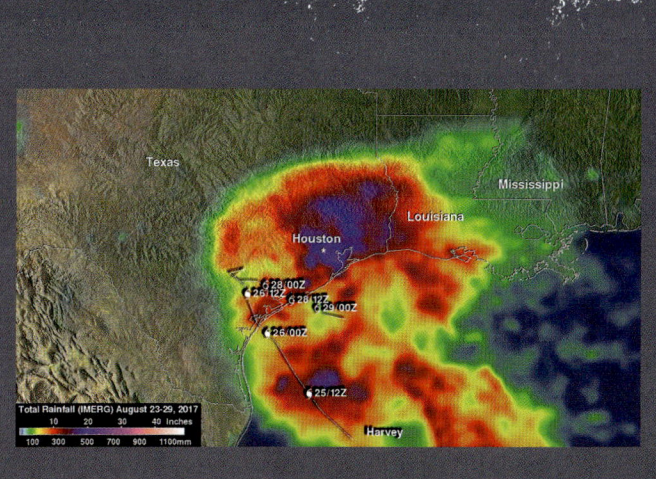

Rekord +++ Stärkster Niederschlag durch einen Hurrikan, Hurrikan Harvey, Nederland (150 Kilometer östlich von Houston), 21. bis 28. August 2017, 1.539 Liter Regen pro Quadratmeter (mm), Kategorie 4, maximaler Wind 215 km/h +++

Rekord +++ Höchster Tagesniederschlag durch einen Hurrikan, Hurrikan Harvey, Houston (Texas, USA), 27. August 2017, 408 Liter Regen pro Quadratmeter (mm), Kategorie 4, maximaler Wind 215 km/h +++

Rekord +++ Teuerster Hurrikan aller Zeiten, 198,63 Milliarden Dollar (164 Milliarden Euro), Hurrikan Harvey, Golf von Mexiko, USA, 17. August bis 3. September 2017, Kategorie 4, maximaler Wind 215 km/h +++

Das bedeutet ja, dass auf jedem Quadratmeter über 1,5 Meter Wasser stehen würde, vorausgesetzt, das Land wäre flach und kein Wasser würde ablaufen. Gewaltige Überschwemmungen sind die Folge gewesen. Ich habe die Bilder in den Nachrichten gesehen. Große Teile Houstons und der gesamten Küstenregion von Texas standen metertief unter Wasser. In den tiefer liegenden Stadt- und Landesteilen sammelten sich die Wassermassen. Flüsse und See traten über ihre Ufer.

Hinzu kam eine Sturmflut, die an der Küste eine Höhe von über 1,8 Metern erreichte und verhinderte, dass das Regenwasser ablaufen konnte. Am Ende des gewaltigen Sturms waren in Houston 14 Menschen gestorben, 30.000 Menschen obdachlos und Sachschäden in Höhe von 164 Milliarden Euro entstanden. Es war der teuerste Sturm, der bisher auf unserem Globus aufgetreten ist.

Wie war das möglich? Normalerweise werden Hurrikans ja mit den schwersten Windböen in Verbindung gebracht. Aber hier scheint der Regen das größte Problem gewesen zu sein.

Das stimmt. Niederschläge werden bei Hurrikans oft unterschätzt. Sie stellen aber für die Landflächen die meist viel größere Gefahr dar. Zwar produzieren Hurrikans auch gewaltige Windböen. Der windstärkste Hurrikan (Allen) erreichte 1980 einen einminütigen Spitzenwind von 305 km/h. Harvey liegt mit 215 km/h doch deutlich dahinter. Allerdings hat Harvey mindestens 54 Tornados ausgelöst, die am Rande des Sturms über den USA entstanden und bei deren Auftreten höhere Windgeschwindigkeiten entstanden sein könnten. Aber im Vergleich zum bisher stärksten tropischen Sturm, der vor Australien am 10. April 1996 einen Spitzenwind von 408 Kilometern pro Stunde hervorbrachte, war Harvey weniger stark. Der Wind war zwar heftig, aber bei Weitem nicht das größte Problem. Das Wasser des Golfs von Mexiko hat im Sommer eine Temperatur nahe 28 Grad. Ende August 2017 lagen die Wassertemperaturen fast zwei Grad über den Normalwerten. Das bedeutet, dass viel mehr Wasser verdunsten konnte. Wie ein Schwamm saugt sich ein Hurrikan über dem Meer voll und produziert gewaltige Regenmengen. Schon über dem Golf von Mexiko konnte mithilfe von Satelliten gemessen werden, dass an einigen Orten des Sturms über 50 Liter Regen pro Quadratmeter in jeder Stunde aus den Wolken herausfielen. Da konnte man schon ahnen, welche Wassermassen ein solcher Hurrikan an Land bringen würde.

Dabei regnet es ja auch umso mehr, je langsamer ein solcher Sturm zieht. Rauscht er schnell durch, ist zwar der Wind stärker, dafür ist der starke Regen aber schneller wieder weg. Hätte man die Region nicht evakuieren können? Man wusste ja, was auf die Stadt Houston und die Küste zukommt.

Yucatán • Kuba

Rekord +++ Stärkster Wind in einem Hurrikan, Hurrikan Allen, 7. August 1980, zwischen Kuba und Yucatán Peninsula, Kategorie 5, maximaler Wind 305 km/h +++

Barrow Island •

Rekord +++ Stärkste Windböen in einem Sturm, Zyklon Olivia, 408 km/h Windböen, 10. April 1996, Barrow Island (Australien) +++

Auf der Südhalbkugel drehen sich die Tiefdruckgebiete und Wirbelstürme gegen den Uhrzeigersinn.

Im Großraum Houston wohnen fast sieben Millionen Menschen. Wären all diese Menschen mit dem Auto unterwegs gewesen, hätten sich überall endlos lange Staus gebildet. Unfälle bleiben nie aus, und so wäre das Verkehrssystem schlicht zusammengebrochen. Die Menschen hätten in den Autos versorgt und vielleicht sogar vor Überschwemmungen gerettet werden müssen. Die Helfer wären dazu aber nicht in der Lage gewesen. In so einem Fall muss jeder versuchen, einen sicheren Ort zu finden, um sich und seine Familie zu schützen.

Aber nicht nur das Wasser in den Straßen war das Problem. Es gab Berichte, dass sogar Krokodile durch die Straßen geschwommen und gelaufen sind!

Wohl wahr. In den Flüssen und Seen um Houston herum gibt es Krokodile. Und diese waren mit dem steigenden Wasser in die überschwemmten Gebiete gekommen. Als das Wasser wieder zurückging, liefen einige von ihnen noch durch die Straßen. Eine solche Naturkatastrophe bringt in den Überschwemmungsgebieten viele extreme Gefahren mit sich. Öltanks in überschwemmten Kellern können leckschlagen, Abwasserkanäle mit Fäkalien können geflutet werden und gefährliche Krankheitserreger mit sich bringen. Das Wasser auf den Straßen ist also sehr ungesund. Durch Kurzschlüsse wird die Stromversorgung unterbrochen, was nach kürzester Zeit ein großes Problem

Im Everglades-Nationalpark kann es einem passieren, dass ein Alligator die Straße überquert. Was für Touristen, wie hier am 9. Mai 2013 in Florida, ein Highlight sein kann, wäre in der Stadt eine ernsthafte Bedrohung. So geschehen bei Hurrikan Harvey am 28. August 2017. Die Überflutungen hatten Flüsse und Seen über die Ufer treten lassen, in denen Alligatoren leben. Diese nutzten das erweiterte Revier auf der Suche nach Fressbarem, schwammen durch überflutete Straßen und liefen in die Gärten der Einwohner von Houston.

● Everglades-Nationalpark

Das Satellitenbild vom 22. August 2005 zeigt die Flächen mit (dunkelblau) und ohne Wasser vor dem Hurrikan Katrina.

Der gleiche Ausschnitt zeigt die Region um New Orleans am 7. September 2005, nachdem der Hurrikan Katrina weite Teile der Stadt überflutet hat.

darstellt. Die Kommunikation bricht zusammen, Kühlketten werden unterbrochen, und Krankenhäuser können den Betrieb nicht aufrechterhalten. Schließlich werden auch Nahrungsmittel und frisches Trinkwasser knapp.

War 2017 das bisher schlimmste Hurrikan-Jahr? Was die Schäden angeht, schon. Aber von den 19 Hurrikans, die zwischen 1970 und 2017 die höchste aller Hurrikanstufen erreicht haben, fanden gleich vier Ereignisse im Jahr 2005 statt: Emily, Katrina, Rita und Wilma zogen in der Karibik und im Süden der USA Schneisen der Zerstörung und des Leids. Die Saison 2005 brachte 15 Hurrikans hervor und damit drei mehr als in den bis dahin stärksten Jahren 1969 und 2010.

Die Folgen eines Hurrikans sind gewaltig. Dabei fangen auch diese Unwetter klein an. Sie entstehen meist im Gebiet der Passatwinde nahe dem Äquator. Das Wasser verdampft durch die Hitze der Sonne, und es bilden sich viele kleine Quellwolken. Eine davon wird so groß, dass es für einen Schauer reicht, dann sogar für ein Gewitter. Die umliegenden Wolken beginnen, zu diesem Zentrum zu ziehen, und füttern das Gewitter so mit immer mehr Feuchtigkeit. Ist der Unterschied zwischen der kalten Höhenluft und der Wassertemperatur hoch genug, dann kann das Gewitter die Nacht überstehen, ohne wie-

der in sich zusammenzufallen. Auf diese Weise entsteht ein Tiefdruckgebiet.

Ein solches kleines Tief kann der Beginn einer Hurrikanentwicklung sein. Am folgenden Tag wächst die Gewitterzone immer weiter, und nun kommt ein ganz entscheidender Effekt hinzu.

Die Corioliskraft.

Durch die Rotation der Erde beginnt die Gruppe von Gewittern, sich ganz leicht zu drehen. Weil in den Gewittern immer mehr Luft aufsteigt, ziehen von den Seiten weitere Luftmassen heran, die über das sehr warme Wasser streichen und sich dabei vollsaugen und neue Wolken bilden. Wasserdampf ist der Treibstoff eines Hurrikans. Immer wenn ein neuer feiner Wassertropfen in der Luft durch Kondensation entsteht, wird etwas Wärme frei, die das Luftpäckchen um das Tröpfchen herum noch ein Stück weiter nach oben befördert. Dort entsteht durch Kondensation ein neues Tröpfchen und so weiter. Stell dir das mit Abermilliarden von feinen Tröpfchen vor. Die Luft steigt immer weiter nach oben, bis die Feuchtigkeit aus der Luft heraus ist. Und aus all diesen feinen Nebeltröpfchen werden dann wieder große Regentropfen.

Krass. Durch das Zusammenziehen zum Zentrum hin wird nun die Rotation immer schneller. Der Wind nimmt zu und erreicht Sturmstärke.

Aus dem kleinen Tiefdruckgebiet ist ein Hurrikan der Kategorie 1 geworden.

Wie die Kategorien eines Hurrikans sind, haben wir in einer Tabelle dargestellt. Ist das Wasser über 26,5 Grad warm, stehen die Chancen gut, dass sich der Hurrikan weiter verstärkt. Zieht er über Wasserflächen von 30 Grad und mehr, ist der Treibstoff durch die Verdunstung noch größer. In so einem Fall kann sich der Sturm noch schneller entwickeln. Wie bei einer Herdplatte. Wenn du mehr Energie hinzuführst, dann kocht das Wasser schneller.

Jetzt entsteht das Auge des Hurrikans. Luftmassen, die oben aus den Wolken herauskommen, strömen zu den Seiten weg. Interessanterweise dreht der Wind in einen Hurrikan gegen den Uhrzeigersinn hinein und mit dem Uhrzeigersinn oben aus den Wolken wieder heraus. Auf Satellitenfilmen kann man das gut sehen.

Nun aber gibt es in der Mitte des Sturms einen schwachen Punkt. Genau im Zentrum weht der Wind nur schwach, während er nur wenige Kilometer weiter mit Orkanstärke das Zentrum umkreist. Und genau dieses Zentrum ist die Schwachstelle des Hurrikans. Die Luftmassen, die dicht am Zentrum oben aus den Wolken herausströmen, machen sich nicht mehr die Mühe, über alle Wolken hinweg nach außen zu ziehen.

Diese Luftmassen beginnen, in der Mitte des Sturmes abzusinken. Dadurch werden die Wolken im windschwachen Mittelpunkt des Orkans von oben angeknabbert. Sinken Luftmassen ab, erwärmen sie sich und nehmen so mehr Feuchtigkeit auf.

Die Wolken im Zentrum lösen sich von oben nach unten auf, bis es an dieser Stelle kaum noch eine Wolke gibt. Das Auge des Hurrikans ist entstanden. An der Grenze zwischen den sinkenden Luftmassen im Kern und den rotierenden Wolken darum herum bildet sich eine glatte Wolkenkante aus, die Wand des Auges, die Eyewall. Hier, im Auge des Hurrikans, ist das Wetter sehr schön. Die Sonne scheint, es gibt kaum Wind, und die Temperaturen sind höher als im Umkreis von vielen Hundert Kilometern. Die Anreise zu diesem Urlaubsort ist allerdings sehr schwer, denn Hurrikans sind riesig. Der größte hatte einen Durchmesser von über 1.500 Kilometern. Erfahrene Piloten der NASA machen sich trotzdem immer wieder die Mühe, hineinzufliegen.

Rekord +++ Meiste Hurrikans in einer Saison, 2005: 28 tropische Stürme und 15 Hurrikans, davon 4 in der Kategorie 5 +++

Rekord +++ Tiefster Luftdruck, Hurrikan Wilma, Karibische See, 19. Oktober 2005, 882 hPa Kerndruck, Kategorie 5, maximaler Wind 295 km/h +++

Karibische See

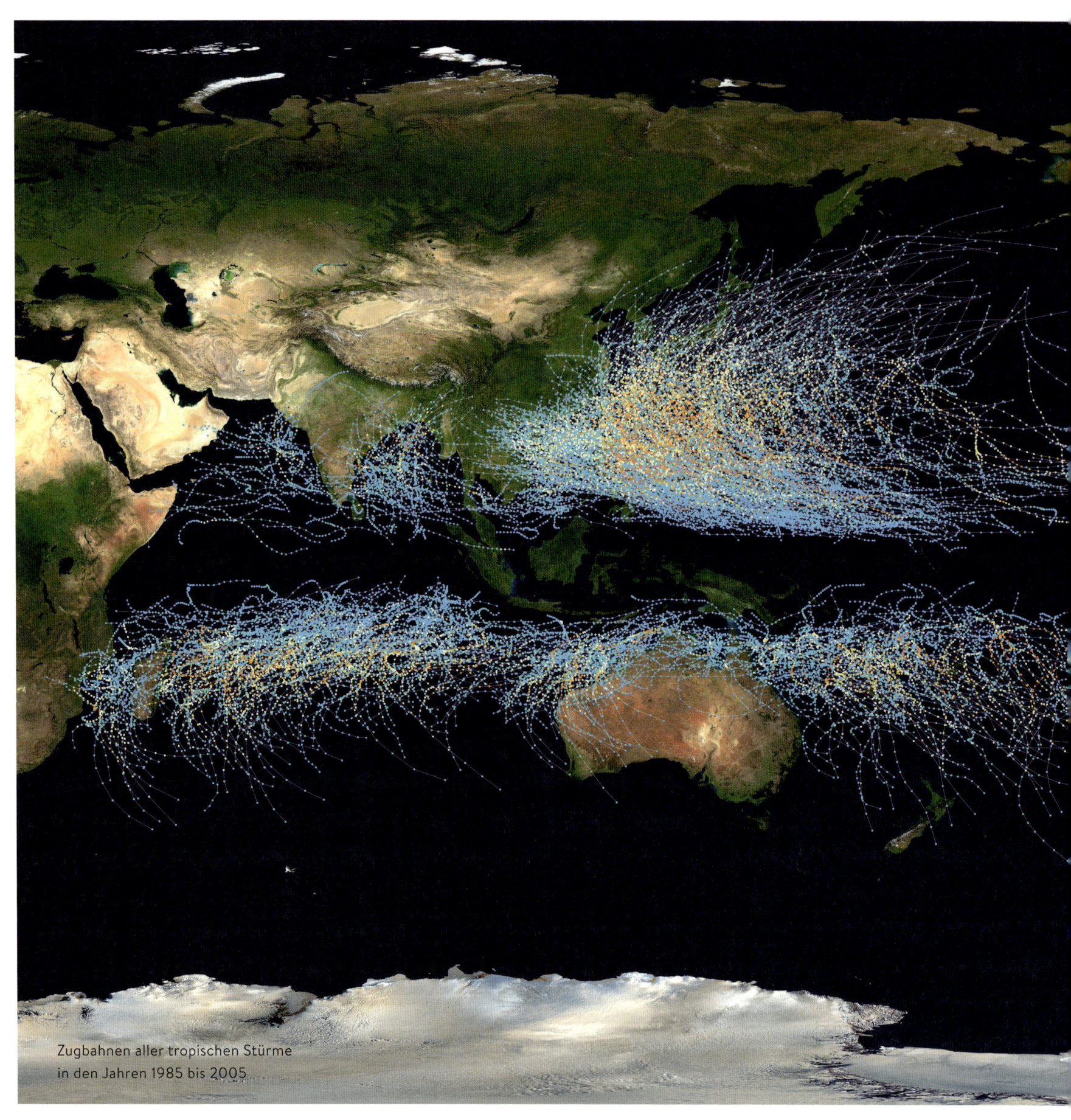

Zugbahnen aller tropischen Stürme
in den Jahren 1985 bis 2005

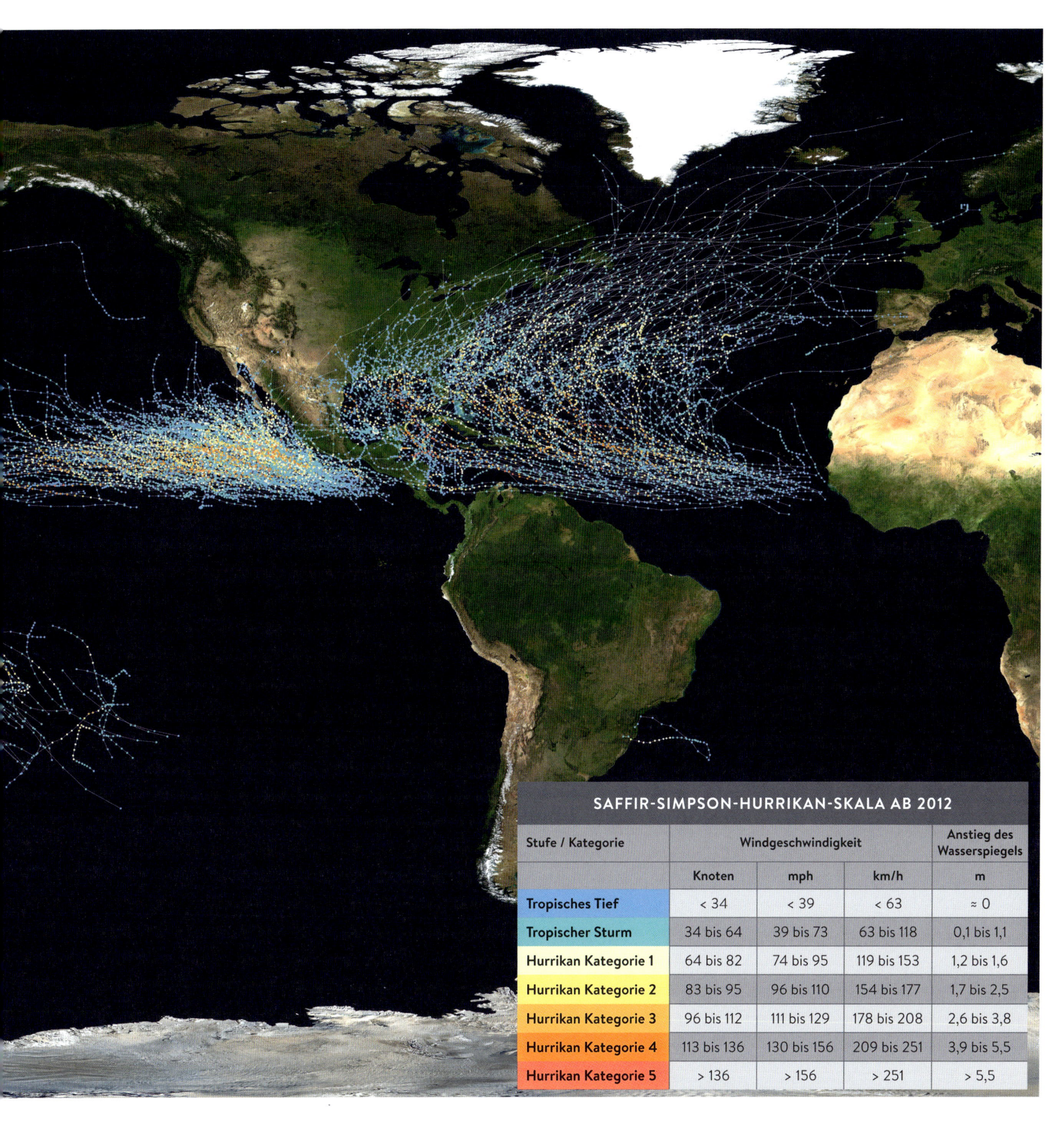

SAFFIR-SIMPSON-HURRIKAN-SKALA AB 2012

Stufe / Kategorie	Windgeschwindigkeit			Anstieg des Wasserspiegels
	Knoten	mph	km/h	m
Tropisches Tief	< 34	< 39	< 63	≈ 0
Tropischer Sturm	34 bis 64	39 bis 73	63 bis 118	0,1 bis 1,1
Hurrikan Kategorie 1	64 bis 82	74 bis 95	119 bis 153	1,2 bis 1,6
Hurrikan Kategorie 2	83 bis 95	96 bis 110	154 bis 177	1,7 bis 2,5
Hurrikan Kategorie 3	96 bis 112	111 bis 129	178 bis 208	2,6 bis 3,8
Hurrikan Kategorie 4	113 bis 136	130 bis 156	209 bis 251	3,9 bis 5,5
Hurrikan Kategorie 5	> 136	> 156	> 251	> 5,5

Rekord +++ Hurrikan mit dem größten Durchmesser, Hurrikan Sandy, Durchmesser 1.520 Kilometer, 25. Oktober 1912, Kategorie 5, maximaler Wind 185 km/h +++

Tropische Wirbelstürme heißen übrigens nicht überall Hurrikan. Dieser Begriff wird nur im Atlantik, nördlich des Äquators und im Pazifik vor der nordamerikanischen Küste verwendet. Die Bezeichnung Taifun findet seine Verwendung hingegen in Ostasien im Seegebiet des westlichen Pazifiks, nördlich des Äquators. Im südlichen Atlantik, wo tropische Stürme extrem selten sind, werden diese Stürme als Zyklon bezeichnet, ebenso im Indischen Ozean und im Pazifik südlich des Äquators. Um Australien herum werden Zyklone oft auch als *Willy Willy* bezeichnet.

Wo kommt dieser Begriff denn her?

Er könnte sich über viele Jahrzehnte langsam aus der englischen Übersetzung des Wortes Wirbelwind oder aus dem Wort windig entwickelt haben. Aus *whirlwind* wurde irgendwann *whirly-whirly*. Aus *windy* könnte sich aber auch *windy-windy* entwickelt haben. Bis zur ersten Erwähnung des Wortes im Jahre 1890 schließlich *willy-willy* daraus wurde.

Auf der Karte mit den Zugbahnen der tropischen Stürme habe ich gesehen, dass Hurrikans schon Europa erreicht haben.

Hurrikans ziehen ja häufig vor der amerikanischen Ostküste nach Norden und können dann über dem Nordatlantik von der Westströmung eingefangen werden. Sie wandeln sich dann aber in außertropische Sturmtiefs um, die ihr markantes Auge verlieren und ein Frontensystem ausbilden, sobald von Norden her Kaltluft in den Sturmwirbel einbezogen wird. Und das passiert unweigerlich, wenn der Sturm in die kälteren Zonen zieht. Es hat aber schon Stürme gegeben, die kurz nach ihrer Umwandlung Europa erreicht haben oder deren Zugbahnen als ununterbrochener Orkan verfolgbar waren. Dazu zählt auch der Rekordhurrikan Faith. Er hält mit einer zurückgelegten Strecke von 6.850 Kilometern den Spitzenwert der längsten Zugbahn eines Hurrikans. Entstanden ist der Hurrikan südlich der Kapverdischen Inseln und zog dann westwärts in einem weiten Bogen an Neufundland vorbei. Obwohl er schon so weit im Norden war, zog Faith zu diesem Zeitpunkt immer noch als Hurrikan der Kategorie 2 über den Atlantik. Europa

Sie fliegen mit Messflugzeugen durch den Hurrikan hindurch und werden dabei heftig durchgeschüttelt. Es ist aber die einzige Möglichkeit, Wettermessungen direkt aus dem Auge des Hurrikans zu bekommen. Da Hurrikans bis zu 18 Kilometer hoch werden, können sie nicht über die Wolken hinwegfliegen.

Rekord +++ Tiefster auf der Erde außerhalb eines Tornados jemals gemessener Luftdruck, Taifun Tip, Nähe Guam (Ozeanien), 870 hPa, gemessen am 12. Oktober 1979, Kategorie 5, maximaler Wind 305 km/h +++

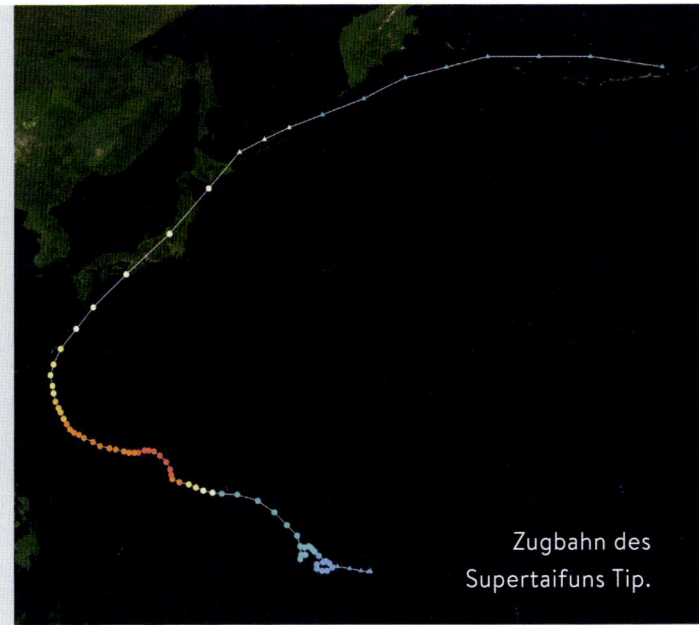

Zugbahn des Supertaifuns Tip.

erreichte er unmittelbar während seiner Umwandlung zu einem außertropischen System am 5. September. Über die Färöer-Inseln zog er immer noch mit Windspitzen von 160 Kilometern pro Stunde hinweg. In seltenen Fällen kommen tropische Wirbelstürme während oder kurz nach der Umwandlung bis nach Europa.

Im Jahr 2017 hat Hurrikan Ophelia dieses geschafft. Der Sturm zog vom Seegebiet südlich der Azoren bis nach Irland.

Auch wenn der Orkan Irland bereits als außertropisches System erreichte, so war dieser Hurrikan sehr beachtlich. Als der Sturm am 14. Oktober 2017 um 17 Uhr unserer Zeit die Kategorie 3 erreichte und damit Windspitzen von 185 Kilometern pro Stunde, war er der östlichste Hurrikan dieser Stärke, der jemals im Atlantik auftrat.

Müssen wir in Zukunft häufiger mit Hurrikans rechnen? Wenn es infolge der globalen Erwärmung auch höhere Wassertemperaturen gibt, wäre das ja denkbar.

Diese Schlussfolgerung ist nicht ganz falsch. Es sind jedoch nicht nur die Wassertemperaturen entscheidend. Meeresströmungen und ihre Veränderungen spielen auch eine große Rolle. In Jahren, in denen es ein El-Niño-Phänomen gibt, nimmt die Zahl der Hurrikans ab. Auch gibt es Schwankungen über einige Jahrzehnte hinweg, bei denen es Phasen

Rekord +++ Erster Hurrikan im Januar südlich der Azoren, Hurrikan Alex, südlich der Azoren, 12. bis 17. Januar 2016, Kategorie 1, maximaler Wind 140 km/h +++

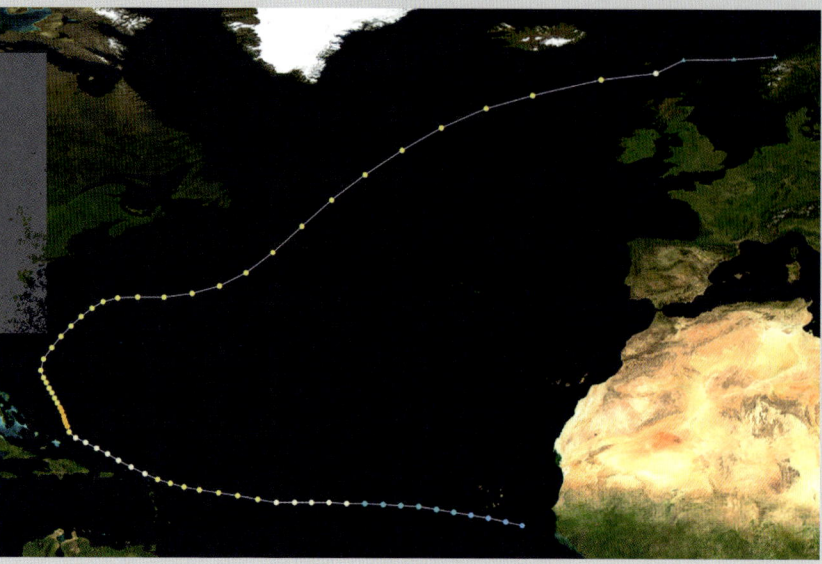

gibt, in denen 10 bis 20 Jahre lang nur wenige Hurrikans auftreten. Aktuell sind wir in einer Phase vieler Hurrikans, die auch durch natürliche Schwankungen bedingt ist. Die Ausprägungen sind allerdings deutlich stärker, als es zu erwarten wäre, und im langfristigen Mittel ist ein Anstieg der Anzahl an Hurrikans vor allem bei den starken Ereignissen zu beobachten. Wenn ein Hurrikan entsteht, dann ist die Gefahr heute größer, dass der Sturm die Kategorie 4 oder 5 erreicht. Ophelia zog über eine Wasserfläche, die um rund 1,5 bis 2 Grad wärmer war als im Oktober üblich.

Dieser Film ist zwar in englischer Sprache, zeigt aber sehr eindrucksvoll, wie Wüstenstaub (braun), Salz aus den Ozeanen (blau) und Sulfate aus Schornsteinen (weiß) über den Atlantik ziehen und wie sich Hurrikans entwickeln. Man sieht sehr gut, wie tagsüber die Emissionen in den Städten steigen.
https://www.youtube.com/watch?v=h1eRp0EGOmE

Eine der besten Dokumentationen über Hurrikans findest du hier:
https://www.youtube.com/watch?v=A3FHkB4pjp4

Die stärksten Winde bringen Tornados hervor. Mich faszinieren diese gewaltigen Kräfte der Natur, und deshalb würde ich auf Seite 88 weiterlesen.

Hurrikans produzieren viel Regen. Es gibt aber Regionen auf der Erde, da regnet es viel mehr, und das ganz ohne Sturm. Die Reise zum nassesten Ort der Erde geht weiter auf Seite 162. ■

Rekord +++ Östlichster Tropensturm der Kategorie 3, Hurrikan Ophelia, östlich der Azoren, 14. Oktober 2017, 16 Uhr MEZ, Kategorie 3, maximaler Wind 185 km/h +++

Azoren ●

MEDICANE UND POLARTIEF

● Ionisches Meer

Extremes Ereignis +++
Am 18. November 2017
rotierte ein gewaltiger
Wolkenwirbel über dem
Ionischen Meer zwischen
Süditalien und Griechen-
land. Im Zentrum bildete
sich ein Auge, um das
herum die Wolken gegen
den Uhrzeigersinn rotier-
ten. Dieses Phänomen
kennt man sonst nur von
Hurrikans. Dafür war aber
das Wasser zu kalt. In diesem Fall hat Kaltluft in der
Höhe das Aufsteigen der
Luftmassen beschleunigt.
Mit Spitzenböen von
108 km/h wurden orkan-
artige Böen erreicht.
Solche Stürme bezeichnen
wir als Medicanes, sie sind
eine Sturmform zwischen
tropischen Hurrikans und
Sturmtiefs in den nörd-
lichen Breiten. +++

MEDICANE UND POLARTIEF

GESCHWISTER DER HURRIKANS

Wenn du das Kapitel über die Hurrikans schon gelesen hast, dann weißt du schon, dass die Wassertemperaturen eine große Rolle bei der Entstehung von Hurrikans spielen. Für die Selbsterhaltung eines Hurrikans sind in den Tropen Wassertemperaturen von 26,5 Grad nötig. Es gibt aber Beispiele, bei denen Hurrikans über kühlerem Wasser entstanden sind. Das ist offenbar möglich, wenn die negative Wirkung durch die niedrigere Wassertemperatur durch kältere Luft in der Höhe ausgeglichen oder übertroffen wird. Wenn dem so ist, dann müsste es auch im Mittelmeer Wirbelstürme geben? Oder ist das Meer dafür zu klein?

Die gibt es auch. Gerade im Winterhalbjahr ist das Mittelmeer mitunter gar nicht so schön, wie wir es aus dem Sommerurlaub kennen. Die Inseln, die unregelmäßige Küstenlinie und die vergleichsweise niedrigen Wassertemperaturen verhindern zwar, dass ein Hurrikan wie in den Tropen entstehen kann. Es hat aber schon einige Stürme gegeben, die über dem Mittelmeer ein Auge ausgebildet haben und auf den ersten Blick wie ein Hurrikan aussahen. Sie stellen eine Zwischenform dar, auf halbem Wege zwischen Hurrikan und Orkantief. Wir nennen diese *Medicanes*. Diese Mischformen können durchaus ein flaches Auge ausbilden. Auch kann in der Höhe die Luft mit dem Uhrzeigersinn aus dem Wirbel herausströmen, wie es bei tropischen Systemen üblich ist. Damit weisen diese Tiefdruckgebiete einige Merkmale von Hurrikans auf. Bisher waren aber nie alle Kriterien erfüllt, was auch daran liegt, dass die Selbstorganisation dieser Stürme durch die kleinere und unregelmäßige Wasserfläche gestört wird.

Was verstehst du denn unter Selbstorganisation? Auf einem Ozean ohne Küsten und Inseln in der Nähe des Sturmes kann sich der Wirbel so formieren, dass er ein klares Auge entwickelt. Diesen Vorgang nenne ich hier Selbstorganisation. Hurrikane weisen nicht nur einen warmen Kern über dem Wasser, sondern auch in großen Höhen noch warme Luftmassen auf. Bei den Mittelmeerstürmen ist jedoch meist kalte Höhenluft ein entscheidender Faktor für den Antrieb. So erklärt sich auch, warum am 16. Januar 1995 ein solcher Medicane mit Auge über dem zentralen Mittelmeer südöstlich von Italien entstand. Sehr beeindruckend ist eine Sturmentwicklung am 27. September 2005 im südlichen Schwarzen Meer verlaufen. Hier hatte sich ebenfalls eine solche Mischstruktur mit flachem Auge entwickelt, die als subtropischer Medicane klassifiziert werden muss. Zusammen mit dem Schwarzmeer-Medicane sind nach https://de.wikipedia.org/wiki/Medicane bisher 13 solcher Stürme im Mittelmeerraum dokumentiert. Es gibt allerdings keine einheitliche Liste, und so geben andere Quellen andere Zahlen an.

Extremes Ereignis +++ Dieser Sturmwirbel vor der norwegischen Küste ist das Ergebnis eines extremen Kaltluftausbruches. Dabei hat sich ein wolkenfreier Bereich in der Mitte des Sturmes gebildet, der an ein Auge erinnert. Am häufigsten treten Polartiefs mit einem vollständig ausgebildeten Auge in der Barentssee auf. Sie bringen heftige Schneefälle und nach ihrem Durchzug einen starken Temperaturrückgang. +++

Barentssee

Extremes Ereignis +++ Als am 27. Februar 1987 dieses Satellitenbild von einem NOAA-9-Polarorbit-Satelliten aufgenommen wurde, machte es viele Beobachter stutzig. Das Bild zeigt nicht etwa einen tropischen Hurrikan, sondern einen Tiefdruckwirbel hoch oben in den polaren Breiten der Barentssee knapp nördlich von Norwegen. Aber war das möglich? Kann ein Polartief ein Auge entwickeln, wie wir es sonst nur von Hurrikans kennen? Ja. Das ist zweifelsfrei möglich. In diesen Fällen sind extrem kalte Luftmassen dafür verantwortlich, die von den Eisflächen der Arktis nach Süden ausbrechen und über den relativ milden Nordatlantikstrom hinwegwehen. +++

Im November 2017 hat es extrem starke Regenfälle in Griechenland gegeben, bei denen über 20 Menschen ums Leben kamen. In Attika, einem Ort westlich von Athen, regnete es 150 Liter pro Quadratmeter binnen zwei Tagen. War das ein Medicane?

Ja. Dieser Sturm wird ebenfalls als Medicane klassifiziert. Aber auch hier war Kaltluft in der Höhe im Spiel und hat dem Sturmwirbel Anschub gegeben. Die Wassertemperatur hätte alleine nicht mehr ausgereicht.

Es kommt also im Wesentlichen auch auf den Temperaturunterschied an. Dann müsste doch extrem kalte Luft in der Höhe auch bei Wassertemperaturen von 10 Grad oder weniger noch in der Lage sein, einen solchen Wirbel zu bilden.

Das wird durch die starken Höhenströmungen meist verhindert, die in diesen Gebieten herrschen. Für die Ausbildung eines Auges ist es notwendig, dass Luft gleichmäßig von oben in das Zentrum strömen kann. Gibt es eine starke Höhenströmung, dann ist dieses unmöglich. Aber es gibt zumindest verwandte Strukturen. Man nennt sie Polartiefs. Zieht dabei ein kleiner Wirbel unter einen Bereich von besonders kalter Höhenluft, dann kann sich das System durch den Temperaturunterschied verstärken. Dieses kann auch

passieren, wenn ein kleiner Tiefdruckwirbel mit hoch reichender Kaltluft über die polaren Eisflächen zieht und am Rande eines größeren Systems auf das offene Meer gezogen wird. Auch in solchen Fällen kann eine sehr schnelle Verstärkung des Sturms erfolgen, die kurzzeitig Wolkenstrukturen schafft, die an das Auge eines Hurrikans erinnern. Besonders ausgeprägt war dieses Phänomen bei einem Polartief über der Barentssee am 27. Februar 1987.

Unglaublich. Solche Polartiefs können eine Menge Schnee bringen. Nur sind diese Stürme bei uns in Deutschland wegen der starken Höhenströmungen noch nie aufgetreten.

Und weil so extrem kalte Höhenluft uns nur extrem selten erreicht. Da es keine Liste aller klassifizierten Polartiefs gibt, weiß man nicht genau, wie viele es bisher gab. Es werden in den letzten Jahrzehnten aber nur eine Handvoll gewesen sein.

Ich habe mal auf einem Satellitenbild vier oder fünf rotierende Wolkenstrukturen mit Auge in der Mitte gesehen. Waren das auch Formen von tropischen Stürmen?

Eher nicht. Das war eher eine Kármánsche Wirbelstraße.

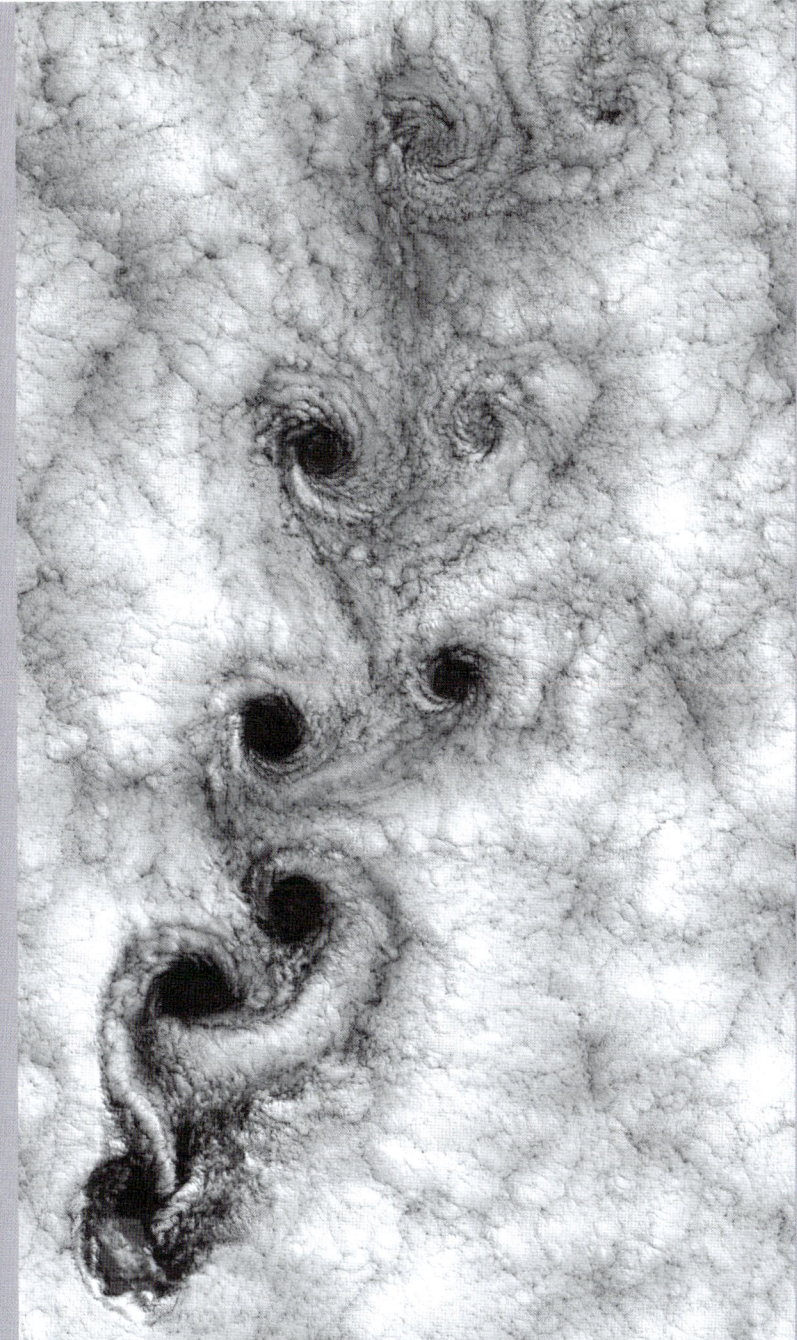

+++ Nicht alles, was aussieht wie ein gewaltiger Sturm mit einem Auge in der Mitte, ist gefährlich. Diese Wolkenformation entstand am 15. September 1999 über den Juan-Fernández-Inseln. Der Wind weht über die Insel und verwirbelt dahinter. Die sich abwechselnd rechts und links drehenden Wirbel ziehen mit der Luftströmung weiter, bis sie sich auflösen. +++

Juan-Fernández-Inseln ●

Wo kommt der Name her?

Die Wirbelstraßen wurden nach dem Entdecker, Theodore von Kármán, benannt, der 1911 entdeckte, dass eine Luftströmung, die um ein rundes Hindernis weht, dahinter Wirbel verursacht, die rechts- und linksdrehend mit der Windströmung weiterziehen. Und wenn den tiefen Wolken eine hohe Insel im Weg ist, dann bilden sich hinter der Insel diese Wolkenstrudel. Sie haben aber keinen eigenen Antrieb und sind deshalb zwar vom Satelliten aus schön anzusehen, bringen aber einen Orkan mit sich.

Erreicht ein Polartief das Festland, kann es heftige Schneestürme geben. Wie ein Schneesturm in Tromsø, im Norden Norwegens, pustet, siehst du hier:
https://www.youtube.com/watch?v=PsJFAkJO_VY

Die Folgen des Medicane Numa im November 2017 über Griechenland waren verheerend. Dieser Bericht zeigt die Folgen des Sturms und der Regenmassen.
https://www.youtube.com/watch?v=PBMcbeXXKvM

In diesem Film kannst du sehen, wie sich der Medicane Numa über dem Mittelmeer formiert und wieder auflöst.
https://www.youtube.com/watch?v=yyskQko7dbc

Hier kannst du sehen, wie eine Wirbelstraße entsteht:
https://www.youtube.com/watch?v=LqaIZAN7UZg

Nach diesen Stürmen interessieren dich vielleicht auch die größten Stürme auf unserem Planeten, die Hurrikans. Dann lies weiter auf Seite 50.

Polartiefs können heftigen Schneefall bringen. Leider erreichen sie uns in Deutschland nicht. Es gab aber schon Wetterlagen, bei denen Teile Deutschlands im Schnee versunken sind. Ich empfehle, auf Seite 204 weiterzulesen. ■

BLITZE

Extremes Ereignis +++ Das Foto zeigt Blitze in den Rincon Mountains im US-Bundesstaat Arizona. Der 15. Juni 1752 ist ein wichtiger Tag in der Blitzforschung. An diesem Tag gelang es Benjamin Franklin, zu beweisen, dass bei Gewittern elektrische Spannung im Spiel ist. Diese sollte seiner Vermutung nach zwischen Wolken und der Erde bestehen. Er ließ, was man tunlichst unterlassen sollte, einen selbst gebauten Drachen in das nahende Gewitter aufsteigen. Tatsächlich sprühten dabei Funken. Heute wissen wir, dass es wohl nur purer Zufall war, dass er dabei nicht von einem Blitz erschlagen wurde. +++

BLITZE DAS RÄTSEL DER GEFRORENEN BLITZE

Maracaibo-See

Abends sinkt die Temperatur in den Bergen. Die Windströmung kehrt sich um, und über dem See beginnt die Bildung der Wolken, aus denen am späteren Abend die heftigen Catatumbo-Gewitter entstehen.

Eines meiner Lieblingsworte ist »Catatumbo«. Das ist der Name eines Wetterphänomens auf Rekordniveau, welches aus vielen Tausend Blitzen besteht. Wir befinden uns im Norden von Venezuela, einem Land im Norden Südamerikas. Hier liegt der Maracaibo-See, durch den der Rio Catatumbo fließt und direkt hinter dem See in einen fünf Kilometer breiten Mündungskanal in den Ozean mündet. Über diesem See und vor allem über dem Mündungskanal kommt es in rund 150 Nächten im Jahr zu heftigen Unwettern, die Catatumbo-Gewitter genannt werden. Hier schlagen durchschnittlich 232 Blitze pro Jahr auf jeden Quadratkilometer ein; etliche Tausend Blitze sind das rund um den See in jedem Jahr. Es gibt keinen Ort auf der Erde, wo es so oft blitzt und donnert.

Warum passiert das ausgerechnet dort? Was macht diesen Ort so besonders, dass es hier mit dieser Regelmäßigkeit gewittert?

Es kommen gleich mehrere Faktoren zusammen, die für dieses Wetter verantwortlich sind und auch erklären, warum die Gewitter meist nur nachts auftreten. Zum einen gibt es diesen großen Binnensee, der das ganze Jahr über Wassertemperaturen zwischen 28 und 31 Grad aufweist.

Der See verdunstet also unglaublich viel Wasser. Aber das passiert an anderen Stellen der Erde auch, ohne dass es gewittert.

Das stimmt. Hier aber kommt die besondere geografische Lage hinzu. Um den See herum gibt es ein Gebirge, wie in Hufeisenform. Die offene Seite richtet sich zum Ozean. Tagsüber erwärmen sich die Berghänge durch die Sonneneinstrahlung. Die Luft steigt über den Bergketten auf und weht vom See aus hinaus in die Berge.

Das bedeutet, die Luft sinkt über dem See nach unten. Dabei lösen sich die Wolken auf, während es viele Wolken an den Bergen gibt.

Das Satellitenbild zeigt das sehr gut. Auf dem kannst du auch erkennen, wie der Wind über dem See nach außen dreht und dabei große Mengen Wasserlinsen, die auf dem See wachsen, streifenartig vor sich hertreibt.

Tagsüber gibt es also fast nie Gewitter. Nachts kühlt sich die Landfläche in den Bergen dann aber deutlich ab, während der See warm bleibt. Also strömt die kühlere Luft dann zurück zum See.

Das passiert tatsächlich oft am Abend, wenn die Sonne untergegangen ist. Mit einem Schlag dreht der Wind am Ufer.

Über dem See steigt die feuchtwarme Luft dann wie über einer Herdplatte auf, und es entsteht ein heftiges Gewitter.

Da die jahreszeitlichen Schwankungen gering sind, geschieht dieses mit großer Regelmäßigkeit und manchmal wochenlang in jeder Nacht. Auf Platz zwei

Das Bild vom 15. Februar 2017 zeigt, wie die Wolken über den Bergen um den See herum entstehen. Der Wind dreht sich kreisförmig aus der Mitte des Sees zu seinen Rändern hin. Milliarden von Wasserlinsen sind aus dem Weltall in grünen Streifen sichtbar. Erst wenn die Sonne untergeht, steigt die Luft über dem See auf, und die Gewitter entstehen.

Rekord +++ Höchste Blitzdichte, Maracaibo-See am Fluss Catatumbo (Venezuela, Südamerika), 150 Gewitternächte im Jahr im Mittel bringen jährlich 232 Blitze je Quadratkilometer (Catatumbo-Gewitter). +++

Extremes Ereignis +++ Der Kivusee in Afrika ist nicht nur die Heimat Tausender Flughunde und der Ort mit den zweitmeisten Blitzen im Jahr. Im See verbirgt sich ein gefährliches Geheimnis. In den untersten Wasserschichten sammeln sich über viele Jahrzehnte durch vulkanische Aktivitäten im Untergrund giftige Gase im Wasser an. Man schätzt, dass es bis Ende dieses Jahrhunderts zu einer limnischen Eruption kommt, bei der die Gase mit einem Schlag an die Oberfläche kommen und alles Leben am Ufer ersticken lassen. +++

Dieser war zu einer hohlen Röhre gebacken worden. Fulgurite werden diese Art Steine genannt. Man findet sie mitunter auch am Strand oder in Dünen. Wenn man einen Baum auf sandigem Grund entdeckt, in den der Blitz eingeschlagen ist, dann lohnt es sich, um dem Baum herum im Sand danach zu suchen. Fulgurite sind also versteinerte oder gefrorene Blitze, die mitunter spektakuläre Formen aufweisen.

Blitze entstehen ja, wenn sich die elektrische Ladung in den Wolken verändert. Das ist ähnlich wie bei der Aufladung, die entsteht, wenn man Luftballons an Fleecejacken reibt.

Ganz genau. Bei Gewittern reiben die Eiskristalle an der Luft, sodass im Bereich der Eiswolken eine positive Ladung in der Wolke entsteht. Die Regenbereiche haben eine negative Ladung. Der Erdboden ist zunächst einmal ohne besondere Aufladung.

Fulgurite nennt man diese Steine, die Blitze in den Sand geschmolzen haben.

Kivusee

der blitzreichsten Regionen liegt der Kivusee in Afrika. Er kommt auf eine Blitzrate von 207 pro Jahr und Quadratkilometer. Auch dieser See ist teilweise von Bergen umgeben, sodass hier die gleichen Faktoren für die hohe Blitzrate verantwortlich sind. Im Vergleich dazu ist die Anzahl der Blitze in Deutschland sehr niedrig. In Hamburg schlagen einer Auswertung von Siemens zufolge im Jahr 1 bis 1,5 Blitze pro Quadratkilometer ein. In Berlin sind es 2 bis 2,5 und in München 3 bis 4. Selbst der Alpenrand, als Region mit den meisten Gewittern in Deutschland, liegt mit 4 bis 5 Einschlägen pro Jahr weit abgeschlagen hinter den Hotspots.

Wenn ein Blitz ins Wasser einschlägt, dann verdunstet das Wasser. Wenn er in einen Baum einschlägt, dann fängt dieser oft Feuer. Wenn ein Blitz in Sand einschlägt, dann lässt er diesen zu Glas schmelzen.

Ein Blitz kann Temperaturen um 30.000 Grad erreichen, und wenn so viel Hitze auf Sand trifft, dann schmilzt dieser. In Nordrhein-Westfalen gibt es eine Region, die Senne heißt, und diese Landschaft besteht aus weiten Sandflächen. Im Jahre 1805 fand dort ein Bauer nach einem Blitzeinschlag geschmolzenen Sand.

Extremes Ereignis +++ Im Jahre 1805 fand ein Bauer in der Sennelandschaft nach einem Blitzeinschlag geschmolzenen Sand. Später wurde klar, Blitze können Sand zum Schmelzen bringen und sind für die Bildung von Fulguriten verantwortlich, die man auch als versteinerte Blitze bezeichnen könnte. +++

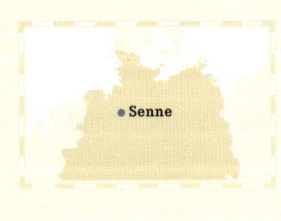

Senne

Rekord +++ Längster Blitz, Oklahoma (USA), 321 Kilometer, gemessen am 20. Juni 2007, bei diesem Blitz handelte es sich um einen Wolke-Wolke-Blitz. +++

Das Foto zeigt einen Blitz, der von einer Wolke zur anderen geht. Die wenigsten Blitze verbinden Himmel und Erde.

Dann müsste es ja mehr Blitze innerhalb der Wolken geben als zwischen Wolken und Boden.
Der Unterschied ist ganz erheblich. Es gibt etwa fünfmal mehr Blitze zwischen den Wolken als zwischen Wolken und Erdboden. Dabei sind Wolkenblitze mit einer mittleren Länge von über zehn Kilometern deutlich länger als Blitze von nur wenigen Kilometern Länge zwischen Himmel und Erde. Der längste Blitz, der je registriert wurde, war ein solcher Blitz zwischen zwei Wolken. Dieser Rekordblitz zuckte am 20. Juni 2007 über Oklahoma im Süden der USA durch den Nachthimmel und brachte es auf die stolze Länge von 321 Kilometern.

Kann man auch die Dauer eines Blitzes messen?
Ja, auch das ist mit neuen Anlagen zur Detektierung von Blitzen möglich, wie sie inzwischen fast überall auf der Welt stehen. Den Rekord hält laut Weltwetterorganisation (WMO) ein Blitz, der am 30. August 2012 über Südfrankreich 7,74 Sekunden waagerecht am Himmel zu sehen war. Dieser Wolke-Wolke-Blitz war

KAPITEL 7 | BLITZE

75

200 Kilometer lang. Dabei sind Blitze zwischen den Wolken genauso heiß wie Blitze zwischen Wolken und Boden. Sobald sie auftreten, erhitzen sie die Luft so sehr, dass diese sich binnen Bruchteilen von Sekunden ausdehnt. Diese extrem schnelle Ausdehnung verursacht den Knall. Grummelt ein Blitz lange Zeit, dann ist es meist ein Wolke-Wolke-Blitz. Diese halten viel länger durch, als die Entladung zum Boden dauert.

Wenn Blitze in Bäume einschlagen, dann kommt es vor, dass diese regelrecht explodieren. Das passiert, weil die Hitze des Blitzes das Wasser im Baum verdampft. Und das Unglaubliche ist: Aus einem Liter Wasser werden im Bruchteil einer Sekunde 1.673 Liter Wasserdampf. Das zerreißt fast jeden Baum.

Vor allen Dingen alte und morsche Bäume, die viel Wasser enthalten, können bei einem Blitzeinschlag regelrecht auseinandergerissen werden.

Es gibt aber auch Blitze, die genauso lange oder noch länger zu sehen sind: die Kugelblitze.

Meines Wissens nach entstehen diese, wenn ein Blitz in eine Pfütze über Sandboden einschlägt und dann Wasser und Sand verdampft, wodurch eine leuchtende Plasmakugel entsteht.

Das ist eine der möglichen Erklärungen. Tatsächlich scheint Silizium, also Sand, eine große Rolle zu spielen. Früher dachte man, dass es sich bei Kugelblitzen um Hirngespinste handelt oder um normale Blitze, bei denen die Zellen auf der Netzhaut im Auge den hellen Lichtschein noch ein paar Sekunden an das Gehirn senden. Inzwischen weiß man mehr darüber. Die ersten glaubhaften Berichte stammen aus den 60er-Jahren des letzten Jahrhunderts. Der englische Radioastronom Roger Clifton Jennison war im März 1963 Passagier auf dem Linienflug von New York nach Washington. In der Nähe eines Gewitters sei die Maschine möglicherweise von einem Blitz getroffen worden. Es habe eine helle und laute elektrische Entladung gegeben. Was er sachlich beschreibt, klingt glaubhaft: »Ein paar Sekunden danach tauchte eine glühende Kugel mit einem Durchmesser von wenig mehr als 20 cm aus der Pilotenkabine auf und schwebte den Gang des Flugzeugs entlang, etwa 50 cm entfernt an mir vorbei, wobei sie dieselbe Höhe und Richtung beibehielt, solange sie beobachtet werden konnte.« Andere Passagiere bestätigten seine Beobachtungen.

Krass. Das klingt wie in einem Science-Fiction-Film. Eine Pfütze mit Sand darunter muss hier als Ursache ausgeschlossen werden.

Bei dieser Beobachtung schon. Es gibt offenbar mehrere Ursachen. Zum einen können Blitzeinschläge in elektrische Leitungen zu Erscheinungen führen, die Kugelblitzen ähnlich sind. Ich habe dazu auch einen

Gewaltige Cumulonimbus-Wolken bringen die meisten Blitze. Diese Wolkenwand über West Palm Beach im US-Bundesstaat Florida kündigt das Unwetter mit zahllosen Blitzen an.

Palm Beach

Am 25. Juni 2009 brach der Vulkan Sarychev auf einer der kleinen Inseln der Kurilen zwischen Japan und Russland aus. Der Aufwind der Vulkanasche war so stark, dass sich sogar im Rauch des Vulkans eine Wolke gebildet hat. Solche Wolken können zu Gewittern führen. Um den Vulkan herum sank die Luft nach unten, sodass sich die Wolken um den Aufwind herum kreisförmig auflösten.

Film gefunden. Auf der anderen Seite scheint Silizium wirklich eine Rolle zu spielen. Die chinesischen Wissenschaftler Jianyong Cen, Ping Yuan und Simin Xue hatten im Juli 2012 Messgeräte zur Erforschung von Blitzen in der Nähe von Qinghai im Westen Chinas aufgestellt. Doch was ihnen vor die Kameras kam, entpuppte sich als Glücksfall der Blitzforschung. Ihnen war ein Kugelblitz ins Datennetz gegangen. Sie hatten neben Videokameras auch Messgeräte aufgestellt, die das Spektrum des Lichtes messen. Daran kann man sehen, welche Materialien im Blitz vorhanden sind. Ihre Untersuchungen zeigten, dass Silizium, Eisen und Kalzium im Blitz vorhanden waren, also Dinge, die nicht aus der Luft kommen konnten, wohl aber im Boden an der Einschlagstelle vorhanden waren.

Das bedeutet also, dass der Blitz in den Erdboden einschlug und Materialien verdampfte, die dann als leuchtende Kugel noch einen Moment lang in der Schwebe blieben?
Exakt. Inzwischen haben Forscher im Labor mit dieser Kenntnis sogar künstliche Kugelblitze von der Größe eines Tischtennisballs herstellen können. Auch wenn nicht alle Fragen zu diesem Phänomen geklärt sind, so lüftet sich doch langsam das Geheimnis der Kugelblitze.

Was wäre passiert, wenn der Fluggast den Kugelblitz beim Vorbeiflug berührt hätte?
Das wage ich nicht zu beurteilen. Aber auf keinen Fall würde ich empfehlen, es zu probieren. Ich hätte die Sorge, dass man über das Erlebnis danach nicht mehr selber berichten kann.

Warum schwebt ein Kugelblitz überhaupt?
Es kann nur das Ergebnis eines vorübergehenden Gleichgewichtes sein, zwischen dem Auftrieb infolge des heißen Plasmas und seinem Gewicht. Das Plasma kann nicht schwerer sein als die Luft. Nach einiger Zeit zerplatzen die Kugelblitze, fallen in sich zusammen oder treffen auf einen Gegenstand. Eine weitere Form von Kugelblitzen wandert entlang von Stromleitungen, nachdem ein Blitz in einen Strommast eingeschlagen ist. Zu diesem Phänomen gibt es sogar ein paar Filme im Netz.

Es gibt ja den Satz: »Buchen soll man suchen, Eichen soll man weichen.« Stimmt das? Ist man unter Buchen vor einem Gewitter sicherer als unter Eichen?
Ganz klar: nein. Es hängt viel mehr davon ab, wo der Baum steht. Blitze neigen ja dazu, am höchsten Punkt in der Umgebung einzuschlagen. Auf einer großen Wiese reicht schon ein Weidenstrauch. In diesem Fall würde ich dann sagen: Weiden soll man meiden. Auf einer großen Wiese sollte man eine Mulde aufsuchen und sich hinhocken.

Und das Handy weglegen und ausschalten. Immerhin ist das Auto sicher. Der Metallkäfig schützt vor einem Stromschlag im Inneren des Fahrzeuges. Man nennt ihn Faradayschen Käfig, benannt nach einem Wissenschaftler, der das Phänomen entdeckt hat.

Extremes Ereignis +++ Hier schlägt ein Blitz hinter einem Flugzeug auf dem Feld ein. Es gibt allerdings viele dokumentierte Blitzeinschläge in Flugzeuge während des Fluges. Den Passagieren passiert dabei in der Regel nichts, denn diese sitzen in einem Faradayschen Käfig. Das ist eine Gitterstruktur aus Metall, die den Innenraum vor Blitzen schützt. Blitze haben aber schon Löcher in die Außenhaut von Flugzeugen gebrannt, gerade wenn diese aus Kunststoff ist. Piloten umfliegen Gewitter wegen der Blitzgefahr und der heftigen Turbulenzen durch Winde mit Orkanstärke innerhalb der Wolken. +++

Erst zwölf Jahre nach dem Blitzeinschlag
konnte die Kirche wieder eröffnet werden.
Jetzt hat sie einen Blitzableiter.

Extremes Ereignis +++ Die Kirche Saint-Quentin im französischen Ort Saint-Quentin-sur-Indrois wurde am 12. April 1988 von einem Blitz getroffen und schwer beschädigt. Die Trümmerteile flogen beim Einschlag mehrere Hundert Meter weit. +++

Rekord +++ Längste Dauer eines Blitzes, Südfrankreich, 7,74 Sekunden, waagerechter Wolke-Wolke-Blitz, gemessen am 30. August 2012, der Blitz war 200 Kilometer lang. +++

Ein Blitz schlägt ja besonders gerne in besonders hoch stehende Bäume, Berge oder Gebäude ein. So geschah es auch am 12. April 1988 im französischen Örtchen Saint-Quentin-sur-Indrois. Bei einem heftigen Gewitter schlug ein gewaltiger Blitz in den Kirchturm ein, erhitzte die Steine in Bruchteilen von Sekunden so sehr, dass diese explodierten. Trümmerteile flogen mehrere Hundert Meter weit, und große Teile der Turmspitze stürzten in das Kirchenschiff. Die Reparaturen dauerten zwölf Jahre.

Saint-Quentin-
sur-Indrois

Scheinbar hatte die Kirche keinen Blitzableiter. Möglicherweise. Auf jeden Fall helfen Blitzableiter, die auf eine Erfindung von Benjamin Franklin zurückgehen, der bereits im Jahre 1752 einen solchen Vorschlag machte. Die ersten Gebäude, die einen Blitzschutz erhielten, waren übrigens Pulverlager des Militärs. Franklin konnte nachweisen, dass ein Blitzableiter vor einer Explosion schützen kann.

Blitze können von einer Wolke zur anderen gehen und von Wolken zum Boden. Aber es gibt auch Blitze, die aus der Wolke nach oben ins Weltall schießen. Man nennt sie Kobolde. Aber wo entladen sie sich?

Kobolde sind total faszinierend. Die bunten Blitze fächern sich in Richtung Weltall auf. Da die Atmosphäre in Höhen zwischen 10 und 30 Kilometern schon extrem dünn ist, findet der Ausgleich der Ladung über einen sehr großen Bereich statt.

Mir gefallen von allen Blitzen die Kugelblitze am besten.

Extrem gefährlich +++ Ziehen Gewitterwolken auf, so heißt es: raus aus dem Wasser. Blitze können auch zehn Kilometer außerhalb der Gewitterwolken einschlagen. Hier, am Neapel-Strand in Florida, sind keine Menschen mehr im Wasser, als das abendliche Unwetter vom Everglades-Nationalpark in Richtung Golf von Mexiko aufzieht. **+++**

Vor dem Bayerischen Landtag in München steht diese Statue, deren von der Frontseite kaum zu sehendes Rückgrat vor Schäden durch Blitzeinschläge schützt.

Rekord +++ Stärkster Blitz in Deutschland seit 1999, 480.000 Ampere, Einschlag nahe Herzberg (Elster), 12. Mai 2017, 16:57:06 Uhr (Quelle: BLIDS/Siemens/kachelmannwetter) +++

Blitze, die in Sand einschlagen, lassen den Sand schmelzen. So bekommt man einen Fingerabdruck des Blitzes. Hier ein Laborversuch: https://www.youtube.com/watch?v=gXjIa6Z5fyU

Eine Dokumentation über die Catatumbo-Gewitter und das Leben am See findest du hier: https://www.youtube.com/watch?v=AVB38wERs3Q

Über den Gewitterwolken gibt es Blitze, die ins Weltall hinausschießen. Diese werden Kobolde genannt. Einen guten Erklärfilm mit den besten Aufnahmen findest du hier: https://www.youtube.com/watch?v=ODDSFX0V2ME

Diese Form des Kugelblitzes ist eher ein wandernder Blitz durch eine Hochspannungsleitung, nachdem der Blitz an anderer Stelle in die Leitung eingeschlagen ist. https://www.youtube.com/watch?v=g9QFU0u0L5U

Hier siehst du die Originalaufnahme der chinesischen Wissenschaftler, die im Juli 2012 den ersten Kugelblitz wissenschaftlich untersuchen konnten: https://www.youtube.com/watch?v=VXm3zDM_v80

Wissenschaftler haben einen künstlichen Kugelblitz erzeugt: https://www.youtube.com/watch?v=KVDU-6opEqA

Blitze und Gewitter sind faszinierend. Ebenso beeindruckend sind die Hagelkörner, die Gewitter hervorbringen können. Das größte Hagelkorn findest du gleich im nächsten Kapitel.

Wenn dich nach dem Gewitterlärm die Ruhe interessiert, dann lese beim Nebel weiter ab Seite 154. ■

HAGEL

Nach einem Hagelschauer haben
Tauwetter, starker Wind und Frost
diese bizarren Formen auf einen
Rasen gezaubert. Während die
Autos zerbeult zurückbleiben,
schafft die Natur nur wenige Meter
weiter künstlerische Schönheit.

HAGEL WENN STEINE VOM HIMMEL FALLEN

Das ist das offiziell größte Hagelkorn, das bisher gemessen wurde.

Hagelkörner können groß werden. So groß, dass sie sich in tödliche Geschosse verwandeln. Das größte Hagelkorn hatte einen Durchmesser von 20,3 Zentimetern und wog 875 Gramm.

Dieses bisher größte Hagelkorn war groß wie ein Ball, schwer wie eine Flasche Limonade und hatte scharfe Zacken.

Wie kam es zu so großen Hagelbällen?

Schauen wir uns das Wetter von damals mal an. Es ist Freitag, der 23. Juli 2010. Wir befinden uns in Vivian, einem Ort in South Dakota im Mittleren Westen der USA. Seit Tagen ist die Luft drückend schwül. Die Luftfeuchtigkeit liegt bei 75 bis 80 Prozent, die Tagestemperatur bei 30 Grad. Schon morgens wachsen mittelhohe Wolken steil in die Höhe, wie kleine Türme. Wir Meteorologen nennen diese Wolken Altocumuli castellani. Von Südwesten her schiebt sich noch heißere Luft heran, während nach Norden hin trockenere und kühlere Luftmassen liegen.

Unterschiedliche Luftmassen wie diese können kräftige Gewitter hervorbringen.

... sogar sehr heftige Gewitter. An diesem Tag entstand eine gewaltige Gewitterwolke, deren Eiswolkenschirm rund elf Kilometer in die Höhe wuchs. Hagel entsteht, wenn die Regentropfen mit dem Aufwind so hoch geweht werden, dass sie in die eisigen Frostbereiche der Wolken kommen. An den kleinen Eiskörnern fliegen Nebeltröpfchen vorbei, die an dem Hagelkorn gefrieren. Dieses wird schwerer und langsamer. So fliegen immer mehr Nebeltröpfchen an ihm vorbei und können an ihm gefrieren.

Das Hagelkorn rotiert im Wind und wächst unaufhörlich weiter, solange der starke Aufwind es trägt. Durch die ständige Drehung bleibt es gleichmäßig rund. Wo kommen dann die Zacken her? Hagelkörner bis zu einem Durchmesser von rund 10 Zentimetern drehen sich sehr stark. Ein Hagelkorn, das 875 Gramm schwer ist, wurde eine Zeit lang vom Wind getragen. Nur ein Orkan, der in den Wolken nach oben schießt, ist in der Lage, so ein Gewicht in der Schwebe zu halten.

Gewaltige Aufwinde sind nötig, damit die Hagelkörner vom Wind getragen werden können. Innerhalb einer Gewitterwolke können die stärksten Aufwinde Geschwindigkeiten von 100 bis 150 km/h erreichen. Das ist genug, um Hagelkörner von über 10 Zentimetern Durchmesser zu produzieren.

Schwebt ein Hagelkorn in diesem extremen Windkanal auf der Stelle, dann beginnt sich seine Form zu verändern. Es wächst nicht mehr an allen Seiten gleichmäßig. Es wird stromlinienförmiger und wächst gegen den Wind. Viele kalte Regentropfen und kleinere Hagelkörner fliegen mit dem Sturm an ihm vorbei. Diejenigen, die es von unten treffen, gefrieren. Auf diese Weise entstehen Eiszapfen, die dem Wind entgegenwachsen. Manch ein so großes Hagelkorn sieht aus wie ein Morgenstern, andere wie ein Diskus mit einem Zapfenring. Über die Form verrät das Hagelkorn also einen Teil seiner Entstehungsgeschichte.

Irgendwann ist das Hagelkorn zu schwer, als dass es vom Aufwind noch getragen werden kann, oder fliegt seitlich aus dem Aufwindkanal hinaus. Dann stürzt es zu Boden und kann gefährlich werden.

Hagelkörner in dieser Größe können auch für Menschen tödlich sein, wenn sie dich am Kopf treffen. Schon kleinere Hagelkörner haben Schafherden auf Wiesen getötet. Auch wenn sie keine Tiere oder Menschen treffen, so richten große Hagelkörner immer wieder enorme Schäden an. Die kleineren Hagelkörner hinterlassen Beulen auf den Autos, die großen sind in der Lage, Dachziegel zu durchschlagen. Schneidet man ein Hagelkorn durch, dann kann man die Ringe des Wachstums sehen.

Hagelkörner ab einer Größe von 3 bis 4 Zentimetern Durchmesser können die ersten Beulen an Autos verursachen. 4 bis 5 Zentimeter dicke Hagelkörner zerschlagen Plastikscheiben und schlagen große Beulen in Fahrzeuge. Über 5 Zentimeter Durchmesser gehen sogar die Scheiben zu Bruch.

Extremes Ereignis +++ Hagelkörner können nicht nur erhebliche Schäden anrichten, sie sind auch gefährlich für Mensch und Tier. Bei einem Hagelsturm sollen im Juni 2006 in Kroatien rund 200 Schafe durch große Hagelkörner getötet worden sein. Es gibt derlei Berichte immer wieder, doch kann nicht mit Sicherheit gesagt werden, ob die Tiere nicht auch durch einen Blitzschlag getötet worden sein könnten. **+++**

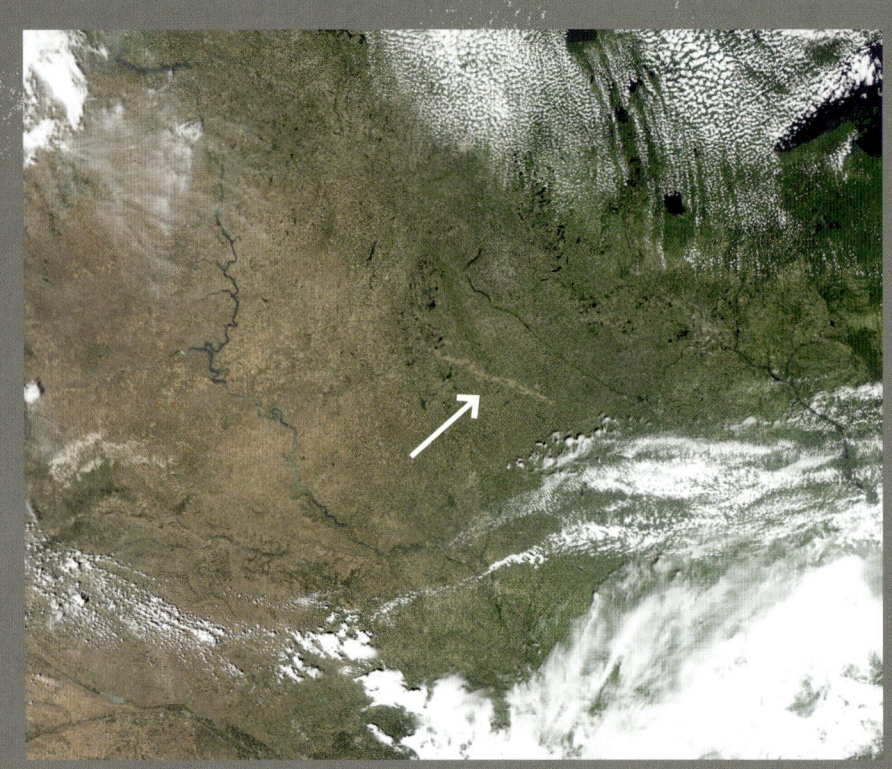

Extremes Ereignis +++ Am 22. Juni 2017 zog ein schweres Hagelgewitter morgens vom Ort Thomas in South Dakota nach Marshall in Minnesota aus. Das Naturfarbenbild zeigt eine 100 Kilometer lange Spur der Verwüstung. Hagelkörner so groß wie Golfbälle und Orkanböen von über 140 km/h zerstörten die Vegetation, vor allem die Plantagen von Mais und Sojabohnen. Die Zeit des Anbaus dieser Pflanzen fällt mit der Zeit der schwersten Unwetter zusammen (Mai bis August), was sich als teure Kombination erweist. Die jährlichen Ernteschäden liegen im Bereich mehrerer Hundert Millionen Dollar. Aufgenommen wurde das Bild am 2. Juli 2017 und zeigt eines der am schwersten betroffenen Gebiete (Castlewood in South Dakota). In der Stadt schlugen Hagelkörner Fensterscheiben von Häusern und Autos ein.

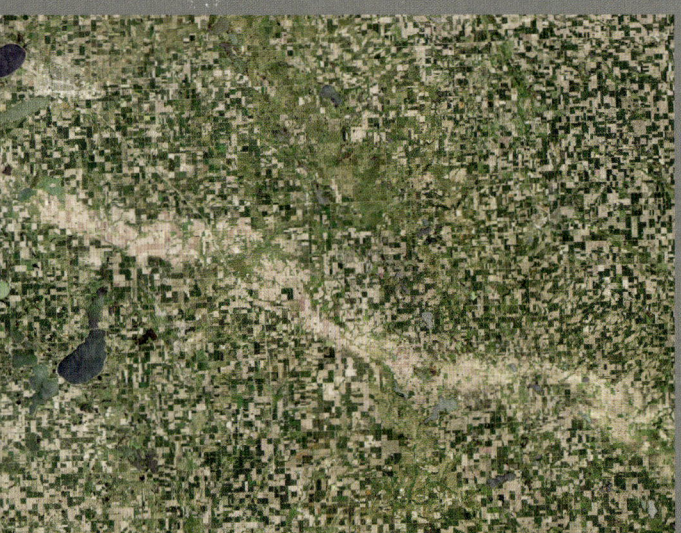

Marshall ● Thomas

Das zweite Bild zeigt eine detailliertere Ansicht des Schadens um Castlewood herum. Das Bild vom 7. Juli 2017 zeigt, wie in bräunlicher Farbe die zerstörten Felder vom Weltraum aus sichtbar sind. +++

Anders als bei der Graupel. Das wird oft verwechselt. Hagel besteht aus dem klaren Eis des gefrorenen Wassers. Graupel ist weich und weiß. Sie entsteht, wenn nasse Schneeflocken vom Aufwind zusammengepresst werden. Manchmal gibt es auch Mischformen. Wenn zum Beispiel ein Graupelkorn durch einen Bereich von Regentropfen fällt, dann kann sich um die Graupel noch eine dünne Eisschicht bilden. Wie nennt man das dann? Denk dir etwas aus: Haupel vielleicht oder Gagel. Solange der Kern weich ist, ist es Graupel. Diese tritt vor allem in den Wintermonaten auf, wenn die Schauerwolken in der Lage sind, Schneeflocken auszubilden, und die Schneefallgrenze drei- bis siebenhundert Meter über dir ist. Bei Hagel liegt die Schneefallgrenze drei- bis viertausend Meter hoch.

Können solche Hagelkörner auch in Deutschland auftreten? Auch bei uns kann es im Sommer so heftige Gewitter geben, dass es für Hagelkörner reicht, die so groß werden wie Tennisbälle. Es gab schon eine ganze Reihe solcher Ereignisse. Das größte Hagelkorn in Deutschland fiel am 6. August 2013 aus den Wolken eines schweren Unwetters in Reutlingen. In Baden-Württemberg hatte es an dem Tag schwere Gewitter gegeben. Die Hagelbälle hatten einen Durchmesser von fast 15 Zentimetern. Alleine in den USA richten Hagelstürme pro Jahr Schäden von einer Milliarde Dollar an.

Dieser Bericht ist zwar auf Englisch, zeigt aber die Kraft und die Entstehung der größten Hagelkörner und auch, wie gefährlich Hagel sein kann.
https://www.youtube.com/watch?v=6JbU0dIq70E

Bilder zahlreicher starker Hagelereignisse findest du hier:
https://www.youtube.com/watch?v=8Tt6bsTTMZE

Ohne heftiges Gewitter gibt es keine Hagelkörner. Die heftigsten Gewitter gibt es ab Seite 70.

Neben Hagel ist auch zu viel Wasser aus den Wolken gefährlich. Die stärksten Regenfälle findest du ab Seite 162.

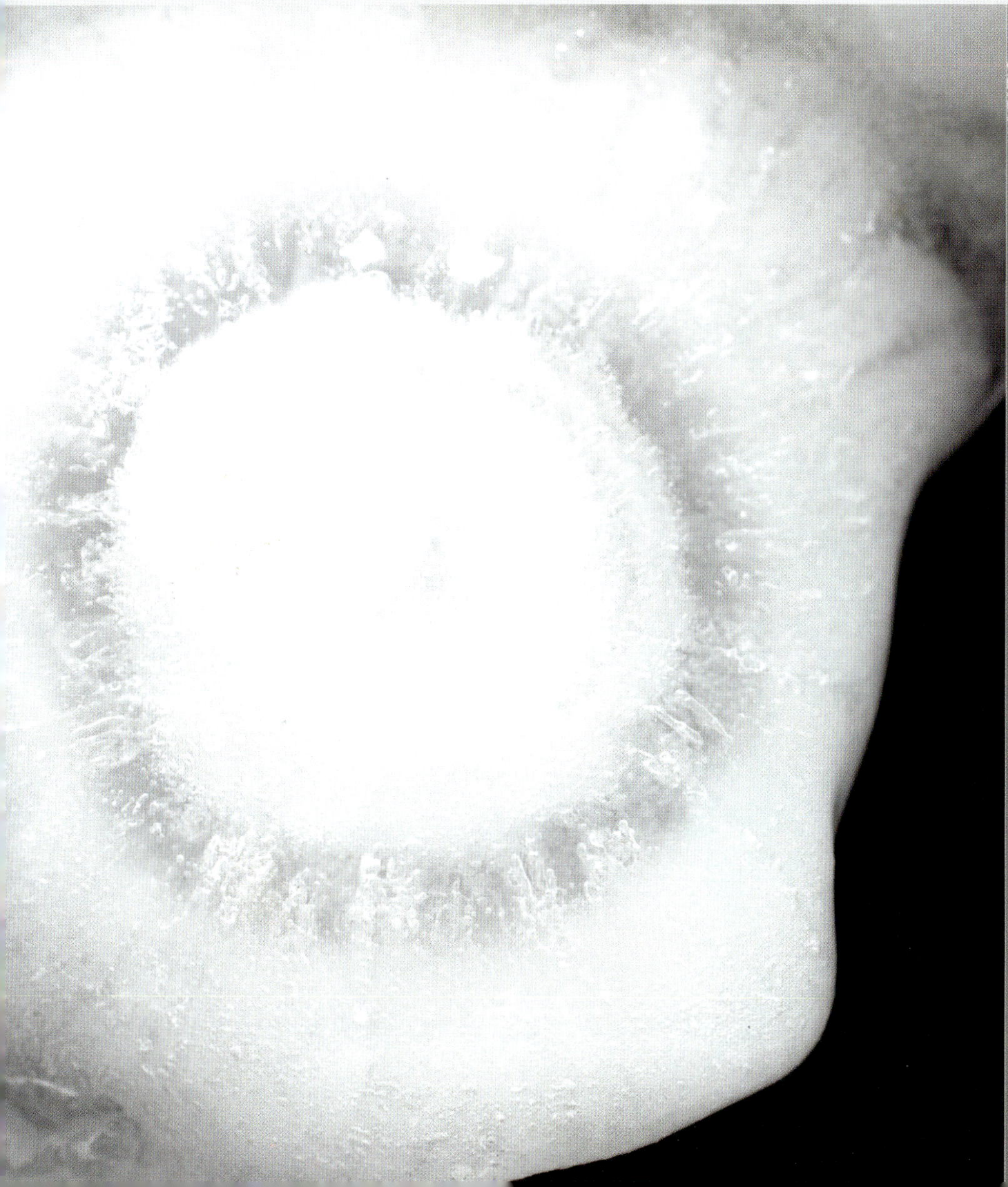

Extremes Ereignis +++ Wenn man mal das Glück hat, ein großes Hagelkorn vor sich zu haben, dann lohnt es sich, es zu zersägen. Auf diese Weise erlaubt das Hagelkorn einen Blick in das Innere und zeigt seine Struktur. Man erkennt gut, wie das Hagelkorn aus einem viel kleineren Kern entstanden ist. Hagel ist innen klar und hart, während Graupel weich und weiß ist. **+++**

Rekord +++ Größtes Hagelkorn der Erde, 22. Juni 2003, Aurora (Nebraska, USA), 47,6 cm Umfang, gefallen während eines heftigen Gewitters +++

Rekord +++ Schwerstes Hagelkorn der Erde, 14. April 1986, Gopalganj District (Bangladesch), 1,02 kg, gefallen während eines heftigen Gewitters +++

Rekord +++ Größtes Hagelkorn in Deutschland, 6. August 2013, Reutlingen (Baden-Württemberg), 15 cm Durchmesser, gefallen während eines heftigen Gewitters +++

TORNADOS

Great Plains

Extremes Ereignis +++ Ein Tornado in den Great Plains. In dieser Region in den USA sind oft Stormchaser anzutreffen, die auf das Bild ihres Lebens hoffen. +++

TORNADOS
GRANDIOS UND GEFÄHRLICH

Tornados zählen zu den gefährlichsten Naturereignissen der Welt. Mich beeindrucken diese Stürme, weil sie so viel Energie und Kraft haben, dass sie ganze Häuser wegreißen können.

Sie sind aber auch lebensgefährlich. Wenn man weit genug weg ist, sind Tornados unglaublich beeindruckend. Der Rüssel, der sich aus den Wolken bis zum Boden schraubt, sieht immer gewaltig aus. Aber kommt man ihnen zu nahe, sind sie absolut tödlich.

Wie groß und wie schnell können Tornados werden?

Was würdest du schätzen?

Vielleicht 450 Kilometer pro Stunde?

Nicht schlecht. Der Spitzenwert liegt bei 496 Kilometern pro Stunde. Gemessen wurde diese gewaltige Geschwindigkeit in einem Tornado bei Bridge Creek im US-Bundesstaat Oklahoma am 3. Mai 1999. Nun stand genau dort leider kein stabiler Windmesser, wie du dir vorstellen kannst. Kaum eine Wetterstation hält so einem Wind stand, was übrigens immer wieder ein großes Problem bei der Messung von extrem starken Winden ist.

Wie hat man den Wind denn dann gemessen?

Mit einem sogenannten Doppler-Radar. Bei einem normalen Radargerät werden elektromagnetische Wellen ausgesendet, die du dir wie ein Radiosignal vorstellen kannst. Das Gerät dreht sich dabei im Kreis.

Das kenne ich von Schiffen und oben auf dem Tower unseres Flughafens.

Ganz genau. Die Signale des Radars treffen auf Regentropfen, wodurch ein Teil des Signals wie von einem Spiegel reflektiert wird. Je stärker der Regen oder Hagel, desto stärker die Reflexion. Bei einem Doppler-Radar werden zwei Signale direkt hintereinander auf die Reise geschickt. Fliegt der Regentropfen von dir weg, dann wird das erste Signal früher reflektiert als das zweite. Genau aus diesem Unterschied kann sichtbar gemacht werden, ob die Regentropfen auf den Sender zufliegen oder davon weg.

Wie sieht man nun, wie schnell der Tornado rotiert?

Ganz einfach: Auf der linken Seite des Tornados fliegen die Regentropen auf den Sender zu.

McMurdo

Ein besonders bizarres Schauspiel einer ganz anderen Art von Tornado. In diesem Fall besteht der Unterwassertrichter aus Eis, in dem das besonders salzhaltige Wasser des darüber gefrierenden Eises auf den Meeresboden strömt. Das herauskommende Wasser ist -2 Grad kalt und gefriert die am Boden lebenden Organismen, die es überstreicht. Aufgenommen wurde die Aufnahme 2011 für die BBC.

Also auf mich, wenn ich am Sender stehen würden. Genau. Und auf der rechten Seite des Tornados werden die Tropfen von dir weg gepustet.

Aha. Damit kennen wir die Windrichtung und können den Tornado im Radar erkennen. Stimmt es, dass man mit dem Abstand zwischen den beiden Reflexionen dann die Windgeschwindigkeit messen kann?
Exakt. Auf diese Weise wurde herausgefunden, dass der Tornado in Moore, einem Ort im US-Bundesstaat Oklahoma, am 3. Mai 1999 mit einer unglaublichen Geschwindigkeit von 486 Kilometern pro Stunde rotiert hat. Wobei der stärkste Wind nicht im Haupttornado gemessen wurde, sondern an einem kleineren Tornado, der um den großen herumgezogen ist. Bei so großen Ereignissen können sich nämlich sogar mehrere kleinere und extrem gefährliche Tornados am Rand des Zentrums bilden. Der Tornadoausbruch im Mai 1999 brachte es in Oklahoma und Kansas auf 70 Tornados an einem Tag.

Wie schnell zieht ein solcher Tornado, und könnte man mit dem Auto vor ihm flüchten?
Das ist möglich, aber nicht ganz einfach. Einige Tornados verharren einige Minuten an einem Ort, andere ziehen mit bis zu 60 Kilometern pro Stunde über die Landschaft. Ganz selten sind Tornados noch schneller unterwegs. Vor allem die kleinen Tornados, die um einen großen herumziehen, können schneller sein.

Dann könnte man ja mit dem Auto auf der Landstraße durchaus mithalten.
Das könnte man, wenn die Landstraße frei ist und direkt vom Tornado wegführt. Am besten ist es, man weicht ihm zur Seite hin aus. Aber das Auto bietet keine Sicherheit. Bei so gewaltigen Tornados, wie es sie in den USA immer wieder mal gibt, besteht die Gefahr, dass viele Menschen gleichzeitig mit dem Auto wegfahren wollen.

Dann gibt es bestimmt jede Menge Staus, und wer im Stau von einem Tornado getroffen wird, hat, glaube ich, keine Chance.
Das stimmt. Vor allem, wenn man bedenkt, dass Tornados sogar große Laster kilometerweit werfen können. Am sichersten ist man in einem Schutzraum oder im Keller eines aus Stein gebauten Hauses. Es haben auch

Menschen überlebt, die in Röhren gekrochen sind, die unter einer Straße durchführten. Im Auto wären die Personen gestorben, denn das Fahrzeug wurde mehrere Hundert Meter weit geschleudert.

Es gibt ja nicht nur Tornados auf dem Land, sondern auch in Städten. Wir hatten ja sogar einen Tornado direkt in unserer Nachbarschaft bei uns in Hamburg 2016.
Exakt. Aber Tornados haben es in Städten schwerer.

Warum das denn? Das schwere Gerät, also die Wolke, ist doch weit oben und nicht zwischen den Häusern!
Schön gesagt. Das schwere Gerät funktioniert aber am besten, wenn keine Störungen in der Landschaft sind.

Extremes Ereignis +++ Am 6. Juli 2016 zog ein Tornado durch die Stadtteile Farmsen und Berne in Hamburg. Das Foto zeigt den Tornado in seiner stärksten Phase, in der er Windgeschwindigkeiten von Orkanstärke erreichte. Von einem Tornado spricht man übrigens erst dann, wenn die Rotation den Boden erreicht. Dieses kann auch der Fall sein, wenn die Rotation nicht bis zum Boden in Form einer Wolke sichtbar ist. Reicht die Rotation nicht bis zum Boden, wird der Wirbelwind Funnel genannt. +++

Hamburg

Jedes große Haus und jeder Hügel sind Hindernisse, die die Luft verwirbeln und das gleichmäßige Einströmen der Luft in den Tornado erschweren. Je größer der Tornado, desto weniger lässt er sich jedoch von den Gebäuden stören, und umso größer ist die Gefahr, dass er große Schäden verursacht und für uns Menschen lebensgefährlich wird.

In welchen Stärken misst man einen Tornado? Gemessen werden die Tornados in einer eigenen Skala, weil die Windgeschwindigkeiten weit außerhalb dessen sind, was wir aus den schweren Stürmen kennen. Die Fujita-Skala ist nach einem berühmten Tornadoforscher der USA benannt: Dr. Ted Fujita. Sie beginnt bei Stufe null, die Windstärken unterhalb der Orkanmarke beschreibt. Winde oberhalb von 419 km/h werden mit Stärke F5 bezeichnet. Die Skala ist nach oben hin offen.

Wie breit kann ein Tornado eigentlich werden? Der breiteste jemals beobachtete Tornado ist wohl jener, der am 31. Mai 2013 bei El Reno, einem Ort in Oklahoma, den Boden erreichte. Sein Durchmesser betrug zur Zeit seiner stärksten Entwicklung rund 4,2 Kilometer. Da ist eine Flucht kaum noch möglich. Bei diesem Sturm ist Tim Samaras gestorben. Er war Sturmjäger und hatte wenige Jahre vorher noch einen Vortrag auf »meinem« ExtremWetterKongress gehalten. Obwohl er ein Profi war und die Gefahr genau kannte, hatte er am Ende in dem Gewirr vieler Tornados, die um ein großes Zentrum kreisten, keine Chance und starb im Auto zusammen mit seinem Sohn und einem Freund.

Das ist sehr traurig! Man muss einfach sehr vorsichtig sein, und wenn über einem bei einem Gewitter die Wolke anfängt, sich zu drehen, sollte man sehen, dass man wegkommt. Und trotzdem faszinieren mich Tornados sehr. 2016 ist ein Tornado nicht weit von unserem Haus entfernt über Hamburg hinweggezogen. Gibt es eigentlich viele Tornados in Deutschland?

Im Vergleich zur Landesfläche gibt es in Deutschland etwa so viele Tornados wie in den USA, und auch die Verteilung zwischen starken und schwachen Tornados ist in etwa gleich.

Rekord +++ Größter Durchmesser eines Tornados, El Reno, Oklahoma (USA, Nordamerika), 4.200 m Durchmesser, 31. Mai 2013 +++

Extremes Ereignis +++ Das Foto zeigt einen Tornado der Stärke EF4 mit Spitzenböen von 320 Kilometern pro Stunde vom 9. April 2015. Der gewaltige Sturmwirbel wurde bei Fairdale im US-Bundesstaat Illinois aufgenommen. Hier war es der erste so starke Tornado in der Geschichte. Zwei Menschen kamen ums Leben, 22 wurden verletzt. Alleine an diesem Tag wurden in Illinois sieben Tornados bestätigt. +++

Also könnte es auch ganz schwere Tornados geben? Das ist zumindest denkbar, ist aber nicht gesichert. Die Zahl der beobachteten Tornados in Deutschland lag zwischen 1996 und 2005 bei etwa 79 im Jahr und im Zeitraum 2006 bis 2015 bei rund 230 Beobachtungen im Jahr. Nun wird nicht nach jeder Beobachtung aus einem Verdacht auch ein nachgewiesener Tornado, doch auch die Zahl der bestätigten Fälle ist deutlich gestiegen.

Ist das der Klimawandel?

Das könnte man vermuten, doch so einfach ist die Sache leider nicht. Der große Sprung in den Beobachtungen ist vor allem mit der Zunahme der Mobiltelefone mit Kamera zu erklären. Früher gab es diese Geräte nicht, heute hat sie fast jeder. Viele Menschen machen erst einmal ein Selfie mit dem Tornado. So dokumentieren wir auch die vielen kleinen Ereignisse, die nur wenige Schäden hervorrufen und damit früher oft nicht weiterverfolgt wurden. Nur das Jahr 2016 lässt sich damit nicht erklären.

Wieso denn?

In dem Jahr gab es über 450 Beobachtungen. Das ist das erste Jahr, bei dem ich sagen würde, dass man dort den Fingerabdruck des Klimawandels sehen kann. Mit der Verbreitung der Mobiltelefone ist dieser gewaltige Anstieg nicht mehr zu erklären, selbst wenn viele Fälle davon nicht sicher auch Tornados waren.

Du hast mir mal gesagt, dass man mit einem Ereignis den Klimawandel weder beweisen noch widerlegen kann. Also müsstest du jetzt noch mal zwanzig oder dreißig Jahre warten, um zu schauen, ob der Klimawandel wirklich seine Finger im Spiel hat.

Da hast du recht. Als Kommissar würde ich sagen, ich habe einen Verdächtigen. Jetzt muss ich es ihm aber noch beweisen. Unter Bedingungen, bei denen der Mensch keinen Einfluss auf das Klimasystem nimmt, würde eine solche Häufung nur rund alle 100.000 Jahre auftreten. Da wäre es schon sehr unwahrscheinlich, wenn wir genau jetzt ein solches Ereignis hatten.

Mir scheint, dem Jahr fehlt ein Alibi.

☺ (!) In der Tat. Es wäre auch sehr plausibel, wenn die Zahl der Tornados langfristig mit der Erwärmung des

● Colorado

Das Bild zeigt einen Tornado in Colorado, USA.

Extremes Ereignis +++ Bevor ein Tornado entstehen kann, entwickeln sich zunächst gewaltige Aufwinde. Hier haben sich die Wolkentürme zu einer Superzelle formiert. Man sieht die rotierende Bewegung in der Nähe von Roswell in New Mexiko, USA. Mit der untergehenden Sonne verliert der Aufwind an Schwung. Die schwindende Wärme nimmt der Zelle die Energie, und die Gefahr einer Tornadobildung ist gebannt. +++

TORNADO-SKALA			
F0	schwach	64–116 km/h	Äste abgebrochen, leichte Schäden
F1	mäßig	117–180 km/h	Dächer abgedeckt, Bäume entwurzelt, Autos weggeschoben
F2	stark	118–253 km/h	Schwere Gebäudeschäden, größere Gegenstände fliegen umher
F3	sehr stark	254–332 km/h	Erste Häuser stürzen ein, Züge entgleisen
F4	verheerend	333–418 km/h	Häuser völlig zerstört, Autos fliegen durch die Luft
F5	unglaublich	419–512 km/h	Alles dem Erdboden gleichgemacht, Baumstämme entrindet

Extremes Ereignis +++ Ein gewaltiger Tornado der Stärke EF4 zieht über Äcker nahe Solomon im US-Bundesstaat Kansas. +++

Solomon

94

Quelle: Wetter.net

Extremes Ereignis +++ In der Nähe von Big Spring, im US-Bundes-staat Texas, ist diese Aufnahme entstanden. Auch wenn der Aufwindkanal nicht besonders breit scheint, er reicht bis in über 12.000 Meter Höhe. Dort oben verläuft der Jetstream, der die aufsteigende Warmluft wie ein Staubsauger aufnimmt und den Aufwind weiter verstärkt. Wie in einem Kamin schießt nun die feuchte Warmluft in die höheren Luftschichten. Das Zusammen-strömen der Luftmassen hin zum Aufwind beschleunigt die Rotation. Die Rotation wiederum beschleunigt den Aufwind, ähnlich einer Flasche Wasser, bei der das Wasser herausstrudelt. Der Tornado macht das Zentrum des Aufwindes sichtbar. +++

Extremes Ereignis +++ Besonders starke Gewitter können eine sogenannte Shelf Cloud ausbilden. Diese Wolken kommen wie ein rollender Vorhang herangezogen und bringen schwere Gewitterböen mit sich. Diese können sogar Orkanstärke erreichen und werden dann fälschlicherweise als Tornados bezeichnet. Diese Wolke markiert die Grenze zur Kaltluft, die durch den heftigen Regen hinter der Wolke entstanden ist und sich nun aus dem Gewitter herausbewegt. Innerhalb der Wolken steigen die Luftmassen steil nach oben. +++

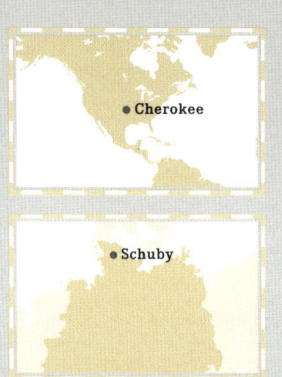

● Cherokee

● Schuby

Extremes Ereignis +++ Doppeltornados sind selten, aber gefährlich. Oft löst sich einer der beiden Tornados rasch wieder auf. Bei größeren Ereignissen können kleinere Tornados auch um den größeren Tornado herumziehen und sorgen so für die höchsten Windgeschwindigkeiten der Erde. Dieses Tornadopaar zog über die Farmen in der Nähe von Cherokee, im Norden Oklahomas, und ähnelt dem Doppeltornado, der am 5. Juni 2016 in der Nähe von Schuby in Schleswig-Holstein aufgetreten ist. +++

geweht. Also ist der Temperaturunterschied zwischen der warmen Luft aus Südwesteuropa und der Nordseeluft größer als früher. Das bewirkt, dass die Gewitter zusätzlich an Stärke gewinnen und häufiger auftreten.

Es könnte also auch häufiger sehr große Tornados und sogar Doppeltornados geben?

Das wäre schon denkbar, wobei es ja erst einen bekannten Fall eines Doppeltornados in Deutschland gibt. Das war 2016 in Schleswig-Holstein. Da gab es vom 4. bis 6. Juni gleich mehrere Tornados und einen Doppeltornado.

Tornados sind ja rotierende Aufwinde. Dazu steigt Warmluft im Zentrum einer Gewitterzelle nach oben. Von den Seiten strömt die Luft zum Zentrum des Aufwindes. Ein kleiner Drehimpuls kann schon ausreichen, und der heftige Aufwind kommt in Rotation. Erinnerst du dich noch ans Eislaufen?

Gerne.

Wer sich mit ausgestreckten Armen dreht und dann die Arme zum Körper zieht, der dreht sich plötzlich viel schneller. Das passiert beim Tornado auch. Die Luft strömt zum Zentrum, und die Geschwindigkeit der Drehung nimmt zu.

Dabei steigt die Luft so schnell nach oben, dass ein Unterdruck entsteht. Das führt dazu, dass die Luft in diesem Bereich kondensiert. So wächst aus dem unteren Rand der Wolken ein Wolkenschlauch heraus, der manchmal aussieht wie ein Trichter. Bei Doppeltornados gibt es dann wohl zwei Aufwinde und zwei Trichterwolken.

Klimas bei uns steigt. Wir haben häufiger Südwestwetterlagen, mit denen im Sommer etwa zwei Grad wärmere Luft herangeführt wird als noch zu meiner Kindheit. Diese Warmluft kann mehr Feuchtigkeit aufnehmen.

Und diese Feuchtigkeit muss ja wieder als Regen aus den Wolken herausfallen. Da das im Sommer oft vor allem mit Gewittern passiert, könnten diese kräftiger werden.

Ja. Und noch etwas kommt hinzu. Wenn der Wind auf Nordwest dreht, kommen im Sommer von der Nordsee her ähnlich kühle Luftmassen wie früher zu uns

Rekord +++ Schnellster jemals gemessener Luftdruckfall weltweit, Tornado der Stärke EF4 in der Nähe von Manchester (South Dakota, USA), 9 hPa pro Sekunde (von 940 hPa auf 850 hPa binnen 10 Sekunden), gemessen am 24. Juni 2003 von einer Messsonde, die Tim Samaras dem Tornado in den Weg legte +++

● Manchester

Auch über dem Wasser können Tornados entstehen. Gerade im Spätsommer, wenn das Wasser großer Seen besonders warm ist, kann diese zusätzliche warme Quelle an Feuchtigkeit Gewitter-Aufwinde verstärken. Das Bild zeigt sehr gut, wie die Kondensation im Inneren des Tornados nach unten vorangekommen ist. Die Wolken entstehen in einem Bereich, in dem der Luftdruck so niedrig ist, dass der Wasserdampf zu Wolken kondensiert.

Der Luftdruck am Kondensationspunkt liegt in der Nähe des Wertes, der auch am unteren Rand der Gewitterwolken liegt, und entspricht also in etwa dem Luftdruck in 1.000 bis 2.000 Metern Höhe.

Extremes Ereignis +++ Diese beiden Tornados rotieren unter einer gewaltigen Cumulonimbus-Wolken und nähern sich Dodge City im US-Bundesstaat Kansas. Jeder Tornado steht unter einem eigenen Aufwindkanal. Diese können sich auch verbinden. Dabei zieht der kleinere Tornado in den größeren hinein. Dadurch kann der Aufwind sich noch stärker entwickeln. +++

● Dodge City

Und das alles kann durchaus unter einer großen Gewitterzelle passieren. Manchmal sind auch zwei Gewitterzellen im Spiel, wobei sich oft die westliche Zelle wieder auflöst. Es gibt sogar Gewitter, die wie in einer Perlenschnur angeordnet sind. Dabei sind in extrem seltenen Fällen schon mehrere Tornados in einer Reihe aufgetreten. Vor der Mittelmeerinsel Mallorca hat es schon eine Kette von vier Tornados gegeben. Auch können um einen gewaltig großen Tornado mehrere kleinere Tornados herumziehen. Solche Gebilde nennen wir Multivortex, und sie sind extrem gefährlich.

Dass es gefährlich ist, fand zumindest die Freundin des Kameramanns auch, der den Doppeltornado in Schleswig-Holstein gefilmt hat.
Ja, der Dialog der beiden im Auto ist sehr unterhaltsam. Den Link zum Film haben wir rausgesucht.

Man erkennt sehr gut die Grenze zwischen Faszination und Gefahr. Für die Fahrerin des Autos ist diese Grenze schon überschritten, während der Beifahrer und Kameramann sich noch recht entspannt fühlt.
Mit diesen Stürmen ist ja auch nicht zu spaßen. Ist man weit genug weg, sind die Naturgewalten beeindruckend. Aber macht man den entscheidenden Schritt zu dicht ran, wird der Tornado zur tödlichen Gefahr.

Einen Eindruck, wie heftig der Tornadoausbruch in Oklahoma im Mai 1999 war, findest du in englischer Sprache hier:
https://www.youtube.com/watch?v=XEW5UCIMyrQ

Die Zusammenstellung der Bilder des breitesten Tornados aus dem Mai 2013 ist hier zu sehen:
https://www.youtube.com/watch?v=Q7X3fyId2U0

Diese Aufnahmen zeigen einen Tornado, an den die Tornadojäger wirklich fast zu dicht heranfahren.
https://www.youtube.com/watch?v=bjb7QtMEBUg

Dieser Film dokumentiert die Bewegungen der Sturmjäger und zeigt den Verlauf des größten Tornados aller Zeiten.
https://www.youtube.com/watch?v=jVTs55W3Iag

Zwei Filme zum Doppeltornado in Schleswig-Holstein aus dem Auto gefilmt:
https://www.youtube.com/watch?v=aaPQKD92d_k

aus dem Flugzeug aufgenommen:
https://www.youtube.com/watch?v=ONZ2K6cVRCc

Hier ein Video, bei dem man sieht, wie gefährlich ein Tornado ist:
https://www.youtube.com/watch?v=_M3xDTlXpQI

Da es bei großen Tornados auch große Hagelkörner gibt, empfehle ich die Seite 82 über die größten Hagelkörner der Welt.

Ich würde dir empfehlen, mal auf Seite 108 zu schauen, da stellen wir Feuertornados vor. ∎

Fälschung +++ Diesen Tornado hat es nie gegeben. Bei unserer Arbeit am Buch sind wir immer wieder auf gefälschte Bilder von Blitzen und Tornados gestoßen. Während diese richtig schlecht gemachte Fälschung spätestens auf den zweiten Blick gut zu erkennen ist, sind einige Fälschungen so gut gemacht, dass selbst wir genau hinschauen mussten. Wir würden uns wünschen, dass bearbeitete Fotos als solche immer gekennzeichnet werden müssen. Beginnen nicht hier schon die Fake News? +++

Extremes Ereignis +++ Von Ferne aus faszinieren Farben und Kraft eines herannahenden Staubsturms. +++

SANDSTURM

SANDSTURM

BLUTREGEN UND WIE DIE SAHARA DEN REGENWALD IN BRASILIEN DÜNGT

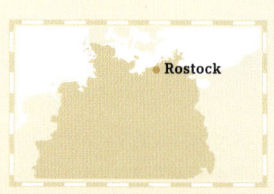

Rostock

Extremes Ereignis +++ Am 8. April 2011 kamen bei einer Massenkarambolage auf der A19 nach acht Menschen ums Leben. Die Fahrerinnen und Fahrer waren viel zu schnell in den Sandsturm gefahren und waren mit der Gefahrensituation überfordert. +++

Ende März und Anfang April 2011 war es in Norddeutschland sehr trocken. Am Freitag, dem 8. April, wehte ein scharfer Nordwestwind und blies über die trockenen Äcker in Mecklenburg-Vorpommern. Der Wind hob den feinen Staub der Äcker in die Luft und bildete riesige Staubwolken, die mit den Böen in Wellen über Straßen und Autobahnen wehten. Auf der A19 kam es dabei zum bisher schwersten Verkehrsunfall in der Geschichte des Bundeslandes. 80 Autos krachten in der Staubwolke ineinander, weil die Autofahrer viel zu schnell in Bereiche fuhren, in denen die Sicht auf bis zu fünf Meter reduziert war. 30 Fahrzeuge gerieten in Brand, 131 Menschen wurden verletzt, acht Menschen starben.

War das ein Sand- oder ein Staubsturm?
Eher ein Staubsturm. Bei Staubstürmen werden die kleinsten Körner bewegt. Diese sind gerade einmal 0,002 bis 0,063 Millimeter groß. Diese ganz feinen und leichten Teilchen können hoch in die Luft getragen werden. Anders ist es beim Sandsturm. Dabei werden Sandkörner, die zwischen 0,063 und 2 Millimeter groß sind, flach über den Boden geweht. Die kleineren Teilchen fliegen höher.

Dieses Phänomen kann man am Strand gut beobachten. Sobald starker Wind über den trockenen Strand weht, kommen die feinen Körner in Bewegung und fegen über den Strand.
Bei Sturm können die Sandkörner einige Meter hochgeweht werden. Sie sind aber viel zu schwer, um in der Luft weit nach oben zu wehen oder lange in der Luft zu verharren. Der Staubsturm in Mecklenburg-Vorpommern war eine Mischform.

Ein solcher Staubsturm ist aber bei uns extrem selten, oder?
Heute schon. Aber während der letzten Eiszeit gab es sehr wahrscheinlich zahllose Sand- und Staubstürme. An vielen Stellen, wo der Wind verwirbelte oder gebremst wurde, haben sich damals gewaltige Dünen aufgehäuft, von denen man heute kaum noch etwas sieht. Südlich der Gletscher, die damals von

Skandinavien aus bis nach Norddeutschland reichten, gab es damals eine Tundra mit nur wenigen Pflanzen und losen Böden. Und genau diese losen Böden mit feinem Material sind es, die bei Trockenheit und Wind in Bewegung kommen. Die Sandstürme haben große Dünenflächen entstehen lassen. Die Senne, eine Region nahe Münster, gehört dazu.

Die meisten Sand- und Staubstürme gibt es heute in Wüstenregionen. Es sind gewaltige Mengen Sand, die ein solcher Sturm bewegen kann. Ein einziger Sturm ist imstande, 100 Millionen Tonnen Sand über große Distanzen zu bewegen. In fast allen Wüstenregionen stellt dieses Wetter eine Gefahr dar, und so haben fast alle Regionen eigene Namen für dieses Phänomen.

Colorado

Extremes Ereignis +++ Am 10. November 2014 zog eine Kaltfront über die Vereinigten Staaten hinweg in Richtung Süden. In der trockenen Luft lösten sich die Wolken auf und machten einem Staubsturm Platz, der über Colorado hinwegzog. Auf dem Bild ist die Linie des heranziehenden Sandsturms gut zu sehen und auch, wie er schlagartig beginnt, um dann langsam wieder nachzulassen. Das Bild wurde vom Moderate Resolution Imaging Spectroradiometer (MODIS) auf dem Aqua-Satelliten der NASA aufgenommen. +++

Extreme Bedingungen +++ Mitten im ständig wehenden Sand der Namib-Wüste liegt die Geisterstadt Kolmannskuppe. Im Jahre 1908 fand man in der Nähe Diamanten. Der Ort blühte im kurzen Reichtum auf. Mitten in der Wüste entstand sogar eine Eisfabrik. Inzwischen haben sich Hunderte von Sandstürmen den Ort zurückerobert. +++

Buran heißen die Stürme in Mittelasien, in Nordafrika werden sie Habub, Gibli oder Ghibli genannt. In Saudi-Arabien weht der Samum und zwischen Nil und Israel der Chamsin. Am bekanntesten ist der Scirocco. Das ist ein Wind, der aus der Sahara über das Mittelmeer nach Norden weht. Dieser bringt nicht nur sehr heiße Luft, sondern auch feinen Wüstensand nach Europa. Wer im Sommerurlaub in Griechenland, der Türkei oder Spanien ist, der kann trübe Tage erleben, dass der Himmel ganz matt aussieht, obwohl kaum Wolken vorhanden sind. Diese Trübung kommt meist durch den Staub in der Luft aus der Wüste. Wenn genug Feuchtigkeit in der Luft ist, dann werden diese feinen millionenfachen Staubkörner zu Kondensationskeimen.

Kondensationskeime muss man erklären: Das sind kleinste Teilchen, an denen Wasserdampf kondensiert, die also zu kleinen Tröpfchen werden. Sie werden so zum Ursprung von Millionen Regentropfen. Auf diese Weise wird der Staub nach vielen Tausend Kilometern wieder aus der Atmosphäre herausgewaschen. In den Pyrenäen habe ich mal roten Schnee gesehen. Der sah aus wie eine Mischung aus Schnee und Sand.

An einigen Tagen im Jahr kann man das sogar bei uns in Deutschland sehen. Wenn der feine Wüstenstaub mit einem Sturm hoch hinauf in die Atmosphäre getragen wird und über das Mittelmeer den Weg bis zu uns findet, dann sehen wir nach einem Regenschauer manchmal roten Sand auf den Autos. Das ist meist Sand aus der Sahara. Dieser Niederschlag wird oft als *Blutregen* bezeichnet, auch wenn natürlich kein Blut in ihm steckt. Richtig gefährlich ist es im Inneren eines solchen Sturms. Kommt er herangeweht, dann sieht er zunächst sehr beeindruckend aus. Doch hat der feine Staubsturm einen erreicht, dann muss man sich vor dem Staub schützen. Die feinen Sandkörner dringen überall ein, nicht nur in Nase und Mund, sondern auch in technische Geräte. Die Reibung der feinen Sandkörner in der Luft kann diese sogar statisch aufladen, sodass es Blitze gibt, ohne dass es regnet.

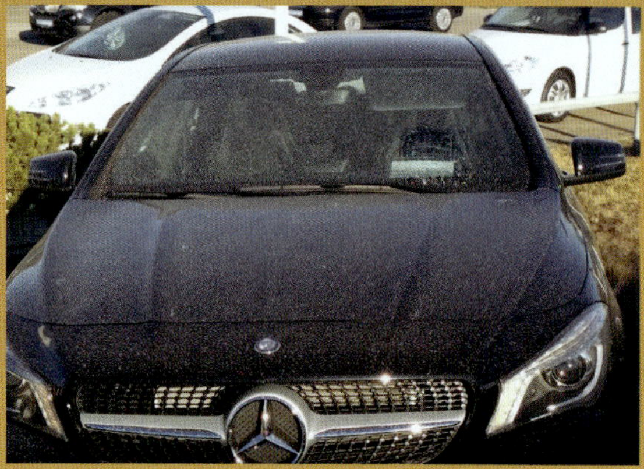

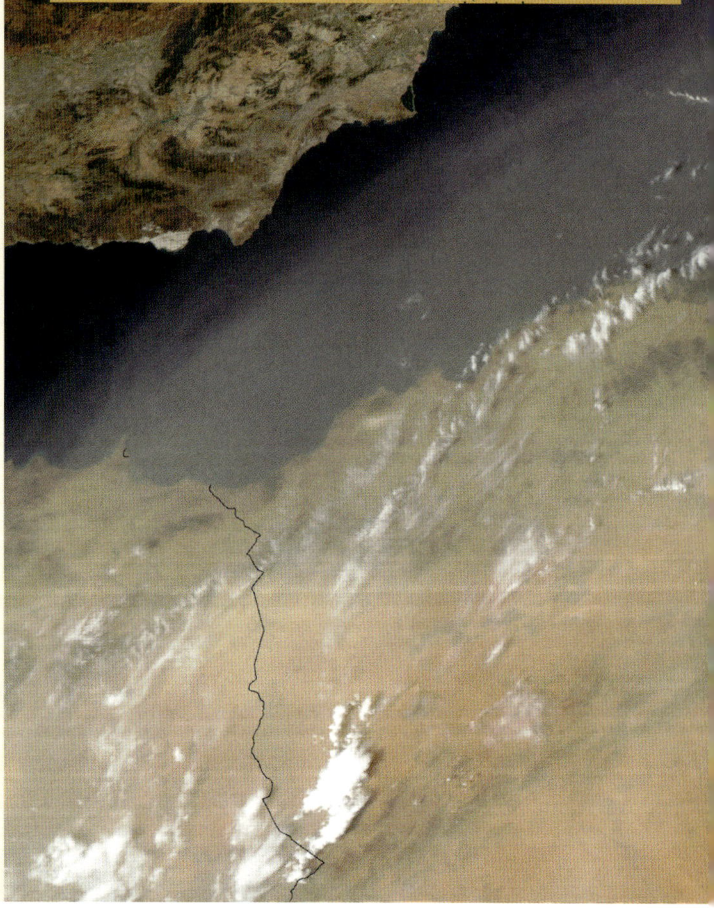

Al Asad

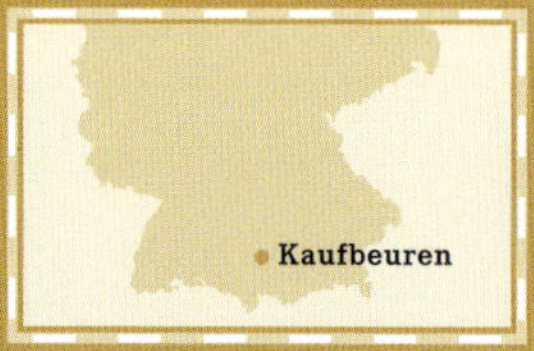

Kaufbeuren

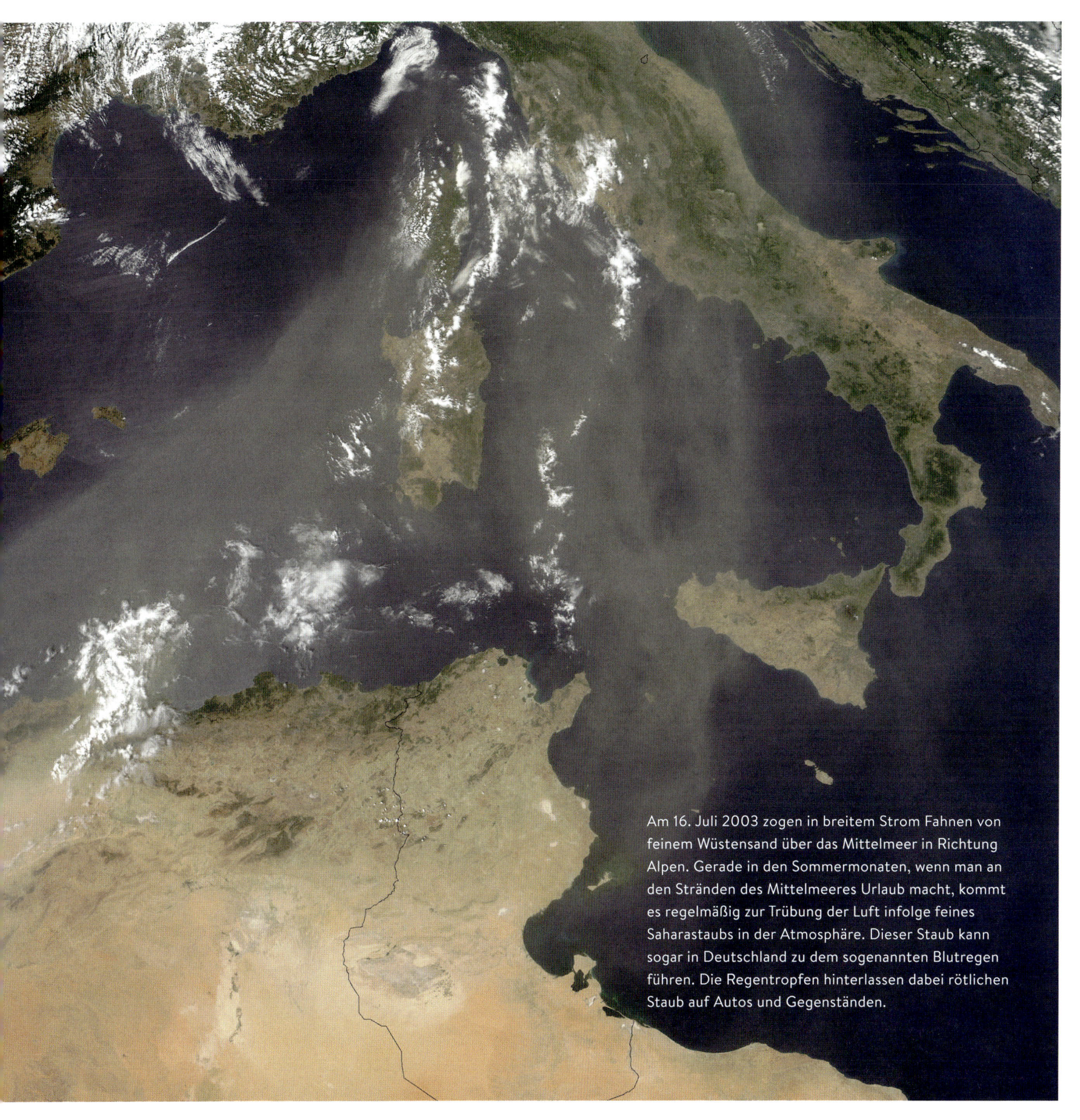

Am 16. Juli 2003 zogen in breitem Strom Fahnen von feinem Wüstensand über das Mittelmeer in Richtung Alpen. Gerade in den Sommermonaten, wenn man an den Stränden des Mittelmeeres Urlaub macht, kommt es regelmäßig zur Trübung der Luft infolge feines Saharastaubs in der Atmosphäre. Dieser Staub kann sogar in Deutschland zu dem sogenannten Blutregen führen. Die Regentropfen hinterlassen dabei rötlichen Staub auf Autos und Gegenständen.

Hohe Staubkonzentrationen in der Luft sind schlecht für die Atemwege. Als am 4. Mai 2017 ein Staubsturm über Chinas Hauptstadt Peking hinwegzog, haben viele Menschen Atemprobleme bekommen und sind mit Mundschutz unterwegs gewesen. Der dichte Autoverkehr hat die Lage noch verschärft.

Peking

Das linke Foto zeigt den Mars in einer Aufnahme der NASA vom 26. Juni 2001, wenige Tage bevor ein globaler Staubsturm den ganzen Planeten einhüllte. Das rechte Foto vom 4. September 2001 zeigt den Planeten während des Staubsturms. Es dauert mehrere Monate, bis der freie Staub sich wieder am Boden abgesetzt hat. Vor vielen Millionen Jahren könnte der Mars sogar mal Wasser geführt haben und hatte damals vielleicht sogar eine Atmosphäre, in der Wolken und Wetter vorhanden waren.

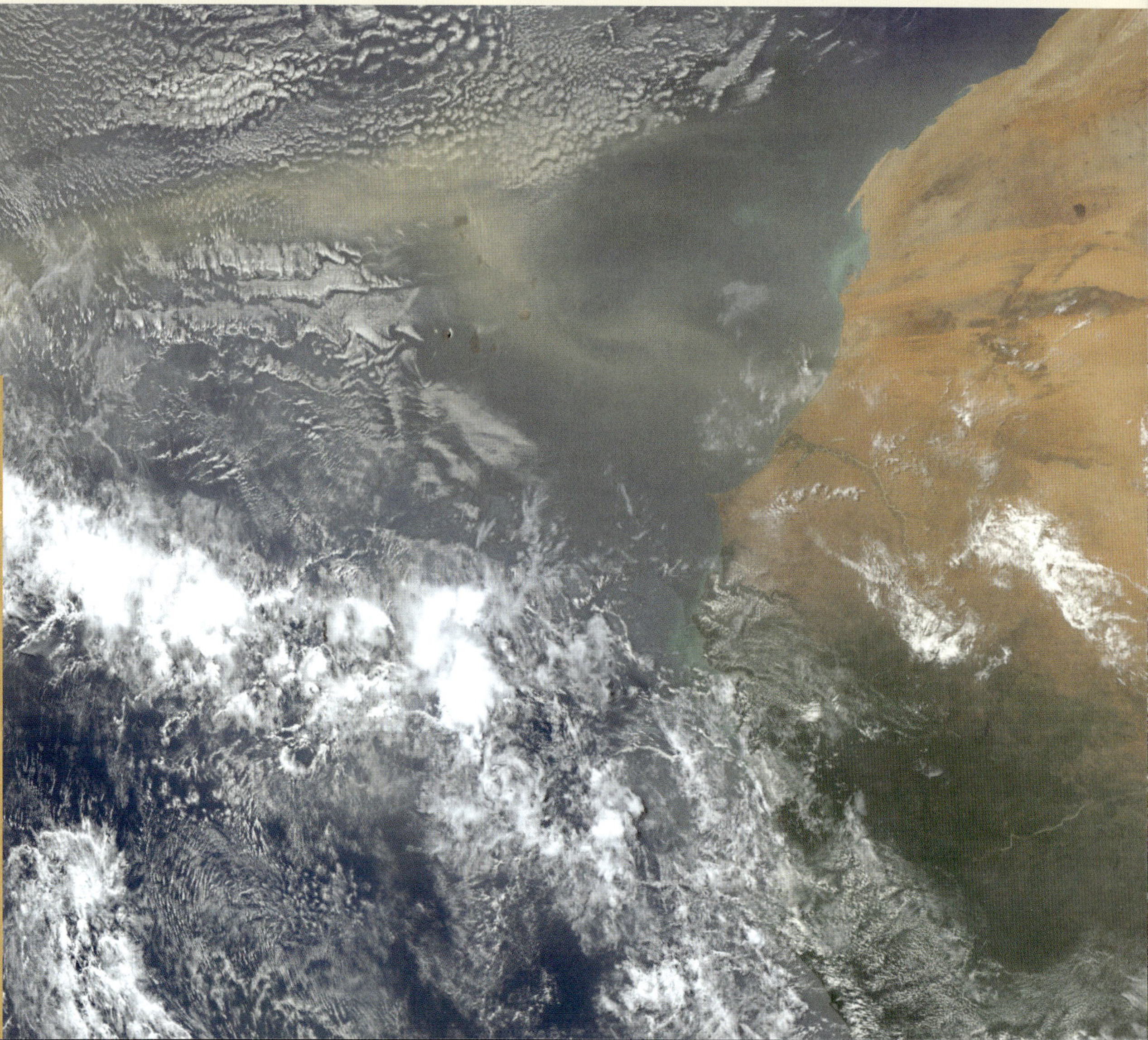

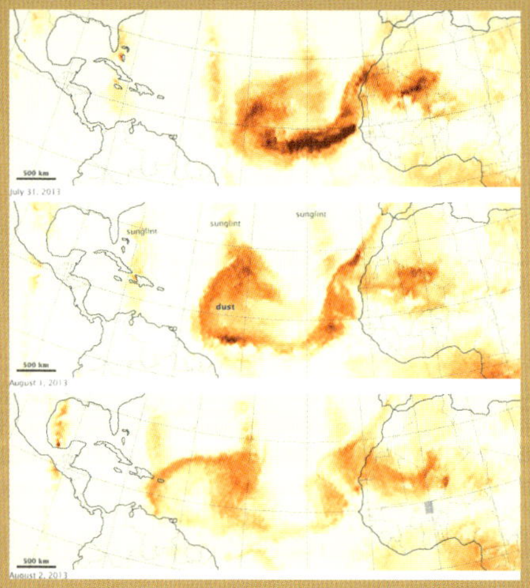

Die Grafik zeigt Saharastaub auf dem Weg über den ganzen Atlantik hinweg bis in den tropischen Regenwald. Auf diese Weise düngt die Sahara die Böden in Südamerika.

Staubstürme sind nicht zu verwechseln mit Staubteufeln. Während der Staubsturm viele Tausend Quadratkilometer groß und mehrere Kilometer hoch sein kann, ist der Staubteufel nur bis maximal 10 Meter breit und nur im seltenen Fall höher als 100 Meter. Die gewaltigen Ausmaße, die ein solcher Staubsturm annehmen kann, mussten die Bewohner in Ostasien im Mai 2017 erleben. Damals zog ein Staubsturm über China hinweg, der mit einer Fläche von 1,63 Millionen Quadratkilometern etwa viereinhalbmal so groß war wie Deutschland. Bei diesem Wetter kann man nur mit Mundschutz raus, und die Sicht ist stark reduziert wie im dichten Nebel.

Man könnte Taucherbrillen aufsetzen, damit der Staub nicht ins Auge fliegt. Und doch hat dieser Staub auch etwas Gutes. Weht er in großen Fahnen von der Sahara aus über den Atlantik hinweg in Richtung Westen, so regnet er sich über dem tropischen Regenwald Brasiliens ab und wirkt dort als Dünger. Der Sand aus der Sahara enthält viel Eisen und ist als zusätzliche Mineralquelle für die Pflanzen gut als Nährstoff geeignet.

Es gibt Staubstürme übrigens nicht nur auf der Erde, sondern auch auf anderen Planeten. Der Mars ist der Ort in unserem Sonnensystem, wo es spannend wäre, mal einen Staubsturm um sich herumwehen zu lassen. Gleich mehrere Staubstürme im Jahr treten hier auf, die flächenmäßig so groß wie Europa sind. Alle paar Jahre entwickelt sich der Sturm so stark, dass er sogar den ganzen Planeten einhüllt. Aber selbst wenn der Wind mit 100 Kilometern pro Stunde unterwegs ist, würde man auf dem Mars von ihm nicht umgeweht werden. Wo bei uns auf der Erde 100 Atome und Teilchen in der Luft sind, trifft man auf dem Mars nur auf ein Atom. Ein Wind mit 100 Kilometern pro Stunde auf dem Mars würde sich anfühlen wie ein zartes Lüftchen von 10 Kilometern pro Stunde auf der Erde.

Dadurch würden viel weniger Teilchen auf den Körper treffen als auf der Erde. Im Verhältnis zu den wenigen Teilchen in der Luft sind wir Menschen sehr massig und würden trotz des Marssturmes locker stehen bleiben. Wir haben ein paar beeindruckende Stürme auch auf dem Mars zusammengetragen.

Würdest du gerne mal zum Mars reisen?

Nicht wirklich.

Fährt man in einen Staubsturm, dann wird es dunkel wie die Nacht. Dieser Film zeigt, wie es ist, wenn einem auf der Landstraße ein gewaltiger Staubsturm entgegenkommt.
https://www.youtube.com/watch?v=8vQMuwRjI6s

Bei diesem Sandsturm auf der A14 bei Magdeburg wird klar, warum man immer bremsen sollte, wenn man in ein solches Phänomen hineinfährt.
https://www.youtube.com/watch?v=f5ceRuUAMdA

In Australien hat ein schweres Gewitter nach langer Trockenheit einen Staubsturm ausgelöst. Ein Autofahrer filmte seine Fahrt auf dieses Unwetter zu. Binnen weniger Sekunden wurde es dunkel wie die Nacht um ihn herum.
https://www.youtube.com/watch?v=95tmYmeHf84

Wie es sich im Staubsturm anfühlt, zeigt dieser Film einer Hochzeit. Genau während der Trauung unter freiem Himmel zieht binnen Sekunden der Staubsturm auf. Was für eine Hochzeit.
https://www.youtube.com/watch?v=0_eR0PmDXfs

Wind kann auch mal völlig aufhören. Dass sogar Windstille dramatische Folgen haben kann, erfährst du ab Seite 122.

Staubteufel sind die kleinen Verwandten der Staubstürme. Ob man durch einen Staubteufel hindurchlaufen kann oder es besser lassen sollte, erfährst du ab Seite 114.

Auf dem Satellitenbild siehst du in zarten braunen Tönen den Sand über dem Atlantik. Er zieht in Richtung Westen und hat die Sahara einige Tage vorher durch einen großen Staubsturm verlassen. Das Foto wurde am 24. Juni 2014 aufgenommen.

FEUERTORNADO

Ein Buschfeuer hat einen rotierenden Aufwind hervorgebracht, in dem der Rauch viel schneller emporschießt als außerhalb des Kamins. Von den Seiten strömt immer mehr Luft heran, sodass auf diese Weise das Feuer immer stärker angefacht wird, wodurch der Aufwind sich weiter verstärkt. Aus so einem rotierenden Kamin kann ein Feuertornado entstehen.

FEUERTORNADO

WENN FEUER SICH SELBST ANFACHT

Feuertornados gehören für mich zu den faszinierendsten Erscheinungen auf unserem Planeten. Eigentlich sind es gar keine Tornados.

Weil sie nicht aus einer gewaltigen Cumulonimbus-Wolke herunterwachsen, müsste man sie eigentlich als Feuerteufel bezeichnen, ähnlich den Schnee- und Staubteufeln.

Der Begriff des Feuertornados hat sich aber festgesetzt, den bekommen wir nicht mehr weg. Für einen Feuertornado ist nicht das großflächige Aufsteigen warmer Luftmassen verantwortlich, ...

... sondern ein Feuer als Quelle extrem warmer Luft. Während die Wärme bei einem Tornado über viele Quadratkilometer aufsteigt, sind es beim Feuertornado nur wenige Quadratmeter.

Bei Waldbränden steigt die heiße Luft über den Feuern steil nach oben. Die Flammen lodern und flackern unsortiert hin und her. Das Aufsteigen der heißen Luft erfolgt sehr chaotisch. Manchmal kommt es allerdings vor, dass die Luft von mehreren Seiten gleichmäßig zum stärksten Feuer hinweht oder eine gleichmäßige Windströmung durch ein Hindernis verwirbelt wird.

Zieht ein solcher Wirbel über das Feuer hinweg, kann sich aus einem kleinen Luftwirbel ein Feuertornado entwickeln. Feuertornados haben einen großen Vorteil: Sie können sich nicht gut bewegen. Sobald der Wirbel weiterzieht oder der gleichmäßige Zustrom der heißen Luft verschwindet, löst sich der Feuertornado wieder auf.

Zumindest ist der Wirbel dann nicht mehr als Feuertornado unterwegs.

Warum schraubt sich die Flamme im Inneren des Wirbelwindes so weit nach oben? Es gibt Feuertornados, die fünfzig Meter hoch sind.

Beginnt der Aufwind, in Rotation aufzusteigen, dann beschleunigt sich der Aufstieg dabei. Das kannst du selbst an einer vollen Flasche Wasser ausprobieren. Wenn du die Flasche über dem Waschbecken ausgießt und schüttelst, dann kommt recht wenig Wasser aus der Flasche. Gibst du der Flasche allerdings eine Drehung mit, dann strudelt das Wasser in einem geordneten Wirbel aus der Flasche, und diese ist in kürzester Zeit leer. Bei Feuertornados wird durch den rasanten Aufwind noch mehr Luft von den Seiten zum Feuer hingezogen, wodurch das Feuer noch weiter angefacht wird. Die Hitze nimmt zu, und die Flammen werden noch stärker. Das Zentrum des Feuertornados ist dabei von der Luft darum herum abgeschnitten, sodass alle die Wärme der großen Fläche des Feuers durch den schlanken Kamin des Aufwindes muss. So wird viel extreme Hitze auf kleinem Raum konzentriert, was den Aufwind verstärkt und bei der Selbstorganisation hilft.

Durch den Zustrom der Luft von den Seiten steigt die Temperatur des Feuers enorm an. Wenn man in die Glut pustet, dann sieht man, wie die Glut heftig aufleuchtet und dadurch noch heißer wird.

Ein Feuertornado
ist über einem
Grasbrand entstanden.

Genau. Dieser Temperaturanstieg ist eine Folge des Sauerstoffs, der mit der frischen Luft in das Feuer geweht wird. Je mehr Sauerstoff einem Feuer zur Verfügung steht, umso stärker wird das Feuer und umso höher die Temperatur. Im Inneren des Feuertornados ist durch den starken Wind so viel Sauerstoff vorhanden, dass die Flamme in große Höhen kommt.

Da sich durch den ständigen Zustrom neuer Luft das Feuer immer weiter verstärken kann, verstärkt sich auch der Zustrom immer weiter. Ist das nicht ein Teufelskreis?

Schon, aber irgendwann ist das brennbare Material verbrannt, und dem Feuertornado geht die Energie aus. Da Feuertornados ihre Energiequelle verstärken, unterscheiden sie sich an dieser Stelle vom Phänomen eines Staubteufels.

Wo gab es denn den größten bekannten Feuertornado?

Das kann man nicht genau sagen. In Deutschland tritt ein Feuertornado regelmäßig in der Phaeno in Wolfsburg auf. Es ist schon sehr beeindruckend, wenn sich dieser formiert. Hier bedient man sich übrigens eines Tricks, um einen solchen Feuertornado ohne viel Wind in der Nähe zu erzeugen: Die Hitze gebende Paste brennt in einem sich drehenden Topf. Auch dadurch kann der Aufwind zu einem Feuertornado werden.

Ab und an liest man ja, dass Feuertornados mit Wettermanipulationen oder Chemtrails zu tun haben sollen. Das ist natürlich totaler Schwachsinn. Stimmt.

Buschfeuer können Feuertornados und Staubteufel auslösen. Der rotierende Aufwind wird durch das Feuer verstärkt. Hier rotiert der Rauch eines Buschfeuers in Australien in die Höhe. Der Übergang von einem Staubteufel zu einem Rauch- und Feuertornado kann fließend sein und lässt erkennen, dass es sich um das gleiche Phänomen handelt. Der warme/heiße Untergrund hebt die Luft. Damit unterscheidet sich dieser Aufwind deutlich von Tornados.

Feuertornados können bis zu 50 Meter hoch werden, wie dieser hier bei einem Buschfeuer in Alice Springs, Australien:
https://www.youtube.com/watch?v=lsyvOYcWgcg

Stehender Feuertornado in Australien bei einem Steppenbrand:
https://www.youtube.com/watch?v=66Yte03B3Lo

Diese Zeitlupenaufnahme zeigt die Drehung der Flammen bei einem künstlich erzeugten Feuertornado.
https://www.youtube.com/watch?v=QwoghxwETng

Dieser Film zeigt ein organisiertes Feuer auf einem Festival, bei dem sich aus dem Feuer heraus reihenweise Staubteufel entwickeln. Man sieht gut den Aufwind und das Feuertornados mit Staubteufeln verwandt sind.
https://www.youtube.com/watch?v=YHR3WJn3I6M

Es gibt Orte, an denen es ebenfalls richtig heiß ist: Die heißesten Orte der Erde besuchen wir ab Seite 128.

Die Geschwister der Feuertornados sind Staub- und Schneeteufel. Über diese berichten wir gleich im nächsten Kapitel.

STAUBTEUFEL

● Amboseli Park

Ein Staubteufel fegt durch den
Amboseli Park in Kenia. Tiere weichen
dem Staubwirbel instinktiv aus.
Sie spüren, dass von so einem Wirbel
durchaus eine Gefahr ausgehen kann.

STAUBTEUFEL

ALS LI PLÖTZLICH VON DER SCHULE FLOG

Staubteufel sehen ja oft aus wie Tornados. Es gibt aber große Unterschiede. Da ist zunächst einmal das Wetter drum herum: Bei einem Staubteufel scheint meist die Sonne aus strahlend blauem Himmel. Von Gewitterwolken keine Spur. Und trotzdem entsteht plötzlich dieser Wirbelwind.

Das ist wirklich ein besonderes Wetterphänomen, das da aus heiterem Himmel entsteht. Ich muss dir die Geschichte von Li Jiaqi erzählen, der von einem solchen Staubteufel getroffen wurde. Er besuchte am 20. April 2016 das Sportfest an seiner Grundschule im chinesischen Gansu. Der Drittklässler war an diesem Nachmittag in der Schule, um an den Wettkämpfen teilzunehmen. Das Wetter war schön, der Himmel blau und die Luft angenehm warm. Kurz nach 16 Uhr Ortszeit sahen Schüler und Lehrer eine rotierende Wolke aus Staub auf sie zukommen. Die Lehrerinnen und Lehrer haben sich mit den Schülern hingehockt, und viele fassten sich an den Händen. Über einige zog der Staubteufel hinweg, wirbelte Papier und Blätter hoch und plötzlich auch Sportschuhe und Taschen. Als der Staubteufel besonders kräftig war, erreichte er Li. Der Wirbel schaffte es tatsächlich, den Jungen sechs Meter in die Höhe zu heben und 20 Meter weit zu werfen.

Das ist krass. Wurde er schlimm verletzt?

Der Notarzt ist natürlich sofort gekommen. Li hatte aber zum Glück nur eine Schürfwunde und musste nicht einmal ins Krankenhaus.

Da hat er aber Glück gehabt.

Auf jeden Fall. Er ist der einzige Schüler, der von der Schule geflogen ist und danach wieder rein durfte.

Ich dachte, Staubteufel sind eher ungefährlich. Die Windgeschwindigkeiten erreichen meistens nur 50 bis 60 Kilometer pro Stunde, selten mal Sturmstärke, und der Aufwind ist viel schwächer als bei einem Tornado.

Es ist tatsächlich so, dass sogar viele Experten das bisher dachten. Seitdem Li etwas anderes bewiesen hat, würde ich sagen, dass man Staubteufeln als Kind nicht zu nahe kommen sollte. Freigegeben ab 18. Und selbst wenn man älter als 18 Jahre ist, sollte man sich den Staubteufel, den man vor sich hat, sehr genau ansehen und, wenn der Wind zu kräftig ist, auf keinen Fall näher herangehen. Am 14. September 2000 erreichte ein Staubteufel Windgeschwindigkeiten von 120 km/h. Dieser Miniorkan fegte bei blauem Himmel durch Coconino County Fairgrounds im US-Bundesstaat Arizona und verletzte mehrere Personen leicht.

Sollte man durch einen Staubteufel hindurchlaufen? Nein, besser nicht. Auch Staubteufel können so viel Aufwind erzeugen, dass sie Menschen anheben können. Hier wirbeln zwei Staubteufel in Neuseeland umeinander. Staubteufel gibt es fast überall auf der Erde.

Staubteufel entstehen ja schon deutlich anders als Tornados. Letztere entwickeln sich ja, wenn große Mengen feuchtwarmer Luft in gewaltigen Wolkentürmen weit nach oben steigen und der heftige Aufwind dabei beginnt, sich zu drehen. Dann kann der Wolkenrüssel aus der Wolke von oben nach unten wachsen. Sobald die drehende Luft den Boden erreicht, ist der Tornado da.
Genau. Staubteufel hingegen wachsen von unten nach oben. Über einer dunklen und sandigen Fläche erwärmt sich das Land bei Sonne stärker als Wiesen und Wälder. So steigt die Luft zum Beispiel über einem Sportplatz nach oben, während von den Wiesen und Wäldern drum herum kühlere Luft hinterherströmt. Beginnt die aufsteigende Luft, sich zu drehen, dann kann diese Rotation schneller werden, je mehr Luft noch an den Seiten nachströmt. Mit einem Mal werden Staub und feiner Sand mitgerissen, und der Staubteufel wird als sandiger Staubschlauch sichtbar. Weiter oben allerdings zerfasert er und geht in die Breite.
Manchmal sehe ich Blätter hochwirbeln. Ist das ein Ministaubteufel?
Wenn so etwas an einem klaren und fast windstillen Tag passiert, dann könnte es sein. Meisten wirbeln Blätter aber bei Wind, der von Häuserkanten abgelenkt wird und Wirbel bildet. Durch die Blätter kann man diese dann erkennen. Meistens drehen sich die Blätter, fallen dann aber an derselben Stelle wieder nach unten und sammeln sich zu großen Laubhaufen hinter Gebäudeecken.

Extremes Ereignis +++ Ein weißer Wirbelwind steigt auf. Dieser Schneeteufel entstand am 3. April 2015 zwischen Lessach im Lungau und der Wildbachhütte Lessach. Der rotierende Aufwind ist nicht sehr kräftig, aber stark genug, Pulverschnee anzuheben. Es überrascht zunächst, dass auch über kalten Schneeflächen ein solcher Aufwind entstehen kann. Entscheidend sind aber die Temperaturgegensätze. Gerade wenn wärmere Luft aus dem Tal den Berghang hinaufströmt, können diese wärmeren Luftmassen einen Ort erreichen, wo sie steil in darüberliegende Kaltluft aufsteigen. Schneeteufel sind Verwandte der Staubteufel, die bei starker Sonneneinstrahlung von der warmen bodennahen Luft gespeist werden. Über den kalten Waldflächen entsteht kaum Aufwind, sodass sich ein solcher Schneeteufel fast ausschließlich über baumfreien Flächen bildet. +++

Lungau

118

Die Farbe des Sandes, den der Staubteufel hochwirbelt, bestimmt die Farbe des Staubteufels. Staubteufel entstehen bei blauem Himmel, wie hier in Australien. In Afrika werden Staubteufel »nigoma cia aka« genannt, was so viel bedeutet wie »Frauenteufel«.

Ganz selten kann man Wirbelwinde auch über Schneeflächen sehen, dann spricht man von einem Schneeteufel.

Das ist überraschend, denn Schnee ist weiß und kann sich nicht über null Grad erwärmen. Wie kann es über Schneeflächen dann zu so starken Aufwinden kommen?

Wenn die Sonne auf verschneite Berge scheint, dann steigt die Warmluft an der einen oder anderen Stelle immer auf. Aus den schattigen Wäldchen am Rande von Skipisten kommt dann die kältere Luft nachgeströmt. Ostern 2010 sind zwei Personen in Revelstoke, in der kanadischen Provinz British Columbia, sogar mit dem Sessellift durch so einen Schneeteufel hindurchgefahren.

Staubteufel werden nur wenige Meter bis hundert Meter hoch, während Tornados vom Boden bis zur Wolke auch über 1.000 Meter lang werden können. Welche Unterschiede gibt es noch?

Staubteufel entstehen vor allem am späten Vormittag und in den Mittagsstunden, während Tornados sich vor allem nachmittags und am frühen Abend formieren.

Das liegt vor allem daran, dass sich die Landfläche vormittags unterschiedlich schnell erwärmt. Staubteufel entstehen vor allem, wenn die Luft morgens eher kühl ist, die Sonne aber viel Kraft hat. Daher sind sie im Frühjahr und Sommer viel häufiger als im Herbst oder Winter. Staubteufel sind sehr kleine und kurzlebige Ereignisse. Wenn sie über einen Sportplatz oder Acker wehen, dann haben sie meist nur einen Durchmesser von einigen Metern und dauern nur wenige Minuten an. Ein Tornado kann sogar 4.000 Meter breit werden, dabei verheerende Schäden anrichten und sich über Stunden halten. Der Staubwirbel schafft es aber immerhin, Blumentöpfe, Liegestühle und leere Bierkisten durch die Luft zu wirbeln.

Und Li.

Und Li.

Ich habe gesehen, dass es sogar Staubteufel auf dem Mars gibt! Das Phänomen ist genauso wie auf der Erde.

Nur werden Staubteufel auf dem Mars bis zu 20 Kilometer hoch. Der Mars hat zwar nur eine sehr dünne Atmosphäre mit einem mittleren Luftdruck von gerade einmal 6,36 Hektopascal (hPa), während es auf der Erde im Durchschnitt 1.013 hpa sind. Aber auch diese dünne Marsluft steigt auf, wenn sie sich durch die Sonnenstrahlen erwärmt. Der Mars Rover Curiosity, den Forscher der amerikanischen Raumfahrtorganisation NASA zur Erkundung auf den Planeten geschickt hatten, hat sogar schon Fotoaufnahmen solcher Staubteufel gemacht. Auf dem Mars liegt feiner Staub in großen Mengen auf dem Boden. Da genügen schon kleinste Winde, um diesen in die Luft zu wirbeln. Alle paar Jahre entsteht sogar ein Staubsturm, der den ganzen Planeten für ein paar Wochen einhüllt, ehe der Sturm nachlässt und der Staub wieder langsam zu Boden schwebt.

Kann man eigentlich auch Schönwetter-Tornado, Minitornado oder Windhose sagen, wenn man so einen Sandwirbel sieht?

Das kann man natürlich, aber richtig ist nur die Bezeichnung Staubteufel.

Staubteufel gibt es nicht nur bei uns auf der Erde. Dieses Bild zeigt Staubteufel auf dem Mars. In der dünnen Atmosphäre würden wir sie nicht einmal spüren. Wer genau hinschaut, erkennt weiter hinten einen weiteren kleinen Staubteufel. Das ursprüngliche Schwarz-Weiß-Foto wurde am 21. August 2005 vom Mars Exploration Rover Spirit der NASA aufgenommen.

Luft steigt nicht gleichmäßig nach oben, wenn sich eine Landfläche durch die Sonne erwärmt. Immer wieder entstehen in der unregelmäßigen Bewegung unendlich viele Wirbel. Einige von ihnen werden so groß, dass sie als Staubteufel sichtbar werden. An diesen Stellen steigt die wärmere Luft besonders schnell nach oben und strömt am Boden von den Seiten nach.

Nur wenig weiter oben strömt die Luft zu den Seiten weg, und der Staubteufel löst die schlanke, rotierende Form auf.

Wir haben ein paar eindrucksvolle Filme herausgesucht,
auf denen du auch sehen kannst,
wie Li vorübergehend von der Schule fliegt.

Hier spielen Leute mit einem Staubteufel
und werfen Sand auf ihn:
https://www.youtube.com/watch?v=JdTOlrGAdF4

In diesem Video seht ihr, wie Li, aus der dritten Klasse,
von einem Staubteufel hochgehoben wird.
https://www.youtube.com/watch?v=4RlBZ8ypSYk

Wenn ein Staubteufel klein ist,
kann man auch hindurchlaufen.
https://www.youtube.com/watch?v=DXqp1p0S8JA

Hier wird das getrocknete Gras
von einem Feld auf das andere geworfen:
https://www.youtube.com/watch?v=JNQE2zhvO3Y

Ganz selten gibt es sogar mal einen Schneeteufel,
wie diesen hier, aufgenommen von Heinz Petelin,
heinz@petelin.eu
https://www.youtube.com/watch?v=ETorhV939tI

Wenn es mal ein heftiger Sturm sein soll, dann geht es auf Seite 16 weiter.

Wenn du wissen möchtest, wie ein Feuertornado entsteht, dann blättere weiter auf Seite 108. ■

Phang Nga Bay

Nur 8 Grad nördlich des Äquators liegt die Phang Nga Bay
in Thailand. Die morgendliche Windstille hat das Meer
beruhigt und die Wellen verschwinden lassen.
Nebelschwaden liegen noch über der Bucht.
In dieser Form wirkt der Ozean einladend und freundlich.

WINDSTILLE

WINDSTILLE

VON GEISTERSCHIFFEN AUF EINEM STILLEN OZEAN

Papa, was soll an Windstille bitte extrem sein? Das ist doch total langweilig.

Das ist nur auf den ersten Blick so. Windstille kann für Seeleute viel schlimmer sein als ein schwerer Sturm. Früher gab es noch keine Schiffe mit starken Maschinen. Die Waren wurden mit Segelschiffen um die Erde transportiert. Jetzt stell dir vor, dass diese Schiffe in ein Gebiet segeln, in dem der Wind immer schwächer wird, bis er gänzlich einschläft. Und das nicht nur für ein paar Tage oder Wochen.

Einige Seeleute haben Monate auf dem Ozean ausharren müssen, weil keine Brise Wind die Segel füllen wollte. Irgendwann werden in so einer Situation die Vorräte knapp. Das Trinkwasser ist bald ausgetrunken oder wird faulig, und wenn das Schiff Lebensmittel geladen hat, werden diese schlecht. Für die Besatzung und den Kapitän ist eine solche Lage bald zum Verzweifeln, und du kannst dir vielleicht vorstellen, dass es in so einer Situation ganz schnell zum Streit kommen kann.

Diese Illustration hat auf den ersten Blick eine schöne Stimmung. Doch ohne Wind kamen die Handels- und Kriegsschiffe früher nicht voran. Dauerte die Flaute lange an, hieß es nicht nur warten, sondern im schlimmsten Fall auch hungern und dursten.

Für Segelschiffe heißt es jetzt warten. Und während auf einem See der im Tagesverlauf aufkommende Wind ausreicht, um wieder an Land zu kommen, fürchteten große Segelschiffe früher die windschwachen Regionen in den sogenannten Kalmen. Das sind Seegebiete, in denen sonniges Hochdruckwetter für wenig Wind sorgt und ein Vorankommen unmöglich machen kann.

Ja, das stimmt. Wenn ich hungrig bin, dann streite ich mich auch schneller, als wenn ich satt bin. Und nicht nur das. Die Hitze ist in dieser Region so groß, dass die Planken an Deck der Schiffe so heiß wurden, dass man da kaum noch drauf laufen konnte.

Aber es gibt doch genügend Meerwasser, das man daraufkippen kann.

In der Tat. Genau das mussten die Seeleute auch tun. Denn nicht nur die Planken wurden heiß. Damals hatte man ein Material zum Dichten der Holzbalken genommen, das aus Erdöl besteht. Wir nennen es Pech. Dieses wurde in der Sonne heiß und schmolz. Es musste immer wieder mit Meerwasser übergossen werden. Und weil die Seeleute für diese Arbeit immer wieder an Deck mussten, bekamen viele glühende Sonnenbrände. Einige drehten regelrecht durch und starben sogar. Es gibt viele alte Geschichten über Geisterschiffe, auf denen die Besatzung gestorben war und

die dann monatelang durch diese windstillen Gebiete gedümpelt sind. Ob das immer wahr ist, bezweifele ich mal, aber vorstellbar ist es schon.

Wow. Da möchte ich ja nicht so gerne hineingeraten. Wahrscheinlich würde auch ich durch die Decke gehen. Wie heiß wird es denn da, und wo liegt das, am Äquator?

Ja, genau. Du findest diese Gebiete über den Ozeanen in der Nähe des Äquators. Hier steht die Sonne immer sehr hoch am Himmel, und daher ist es besonders heiß und feucht. Temperaturen weit über 30 Grad treten hier das ganze Jahr über auf.

Klingt nach super Badewetter.

Wenn du gerne mit Haifischen schwimmen magst, super!

Na, dann doch lieber nicht.

Wo war ich stehen geblieben? Ach ja, 30 Grad. Da ist es sehr warm. Und je feuchter und heißer die Luft ist,

An einem ruhigen Wintermorgen steigt Rauch senkrecht empor. Hieran kann man die Windstille gut erkennen.

umso schneller steigt sie nach oben. Genau das passiert entlang des Äquators. Es ist der Maschinenraum unseres ganzen Wettersystems. Hier am Äquator steigen unglaubliche Massen an Luft nach oben. Wirklich unvorstellbar viel Luft wird durch die Sonne erwärmt und nach oben bewegt. Wenn du da mittendrin bist, ist oftmals kaum Wind. Die Luft strömt zwar von Norden und Süden her mit den sogenannten Passatwinden in Richtung Äquator, aber hier in den Kalmen ist kaum Wind. Kommst du also von Norden hergesegelt, dann hast du erst einmal Rückenwind, bis dieser unvermittelt aufhört. Und dann stecken dein Schiff und deine Mannschaft fest. Das Zusammenströmen der Luft nennt man Konvergenz. Und weil wir hier im Inneren der Tropen sind, wird dieses Gebiet auch Innertropische Konvergenzzone genannt.

Aber in einem Maschinenraum ist Lärm. Das hier klingt nach Ruhe und gähnender Langeweile. Ich stelle mir gerade vor, dass die Mannschaft dann wochenlang Karten spielt, oder so.

Und ob da was los ist. Denn die feuchte Luft, die in der innertropischen Konvergenz am Äquator aufsteigt, sorgt mittags für extreme Hitze und nachmittags für heftige Gewitter. Mit etwas Glück konnten die Seeleute dann das Regenwasser auffangen und den Durst stillen. Mit etwas Pech schlug der Blitz ein.

Ja, da kann so ein Kartenspiel schon mal in Flammen aufgehen.

Das ist zwar gut, wenn man ein schlechtes Blatt hat. Ist aber schlecht, wenn auch der Kartenspieler vom Blitz getroffen wird.

Und wohin bitte verschwindet die ganze Luft? Du hast gesagt, dass diese nach oben steigt. Sie muss ja irgendwohin. Ich würde vermuten, dass diese Luft dann ganz weit oben nach Norden und Süden zurückströmt. Bildet sich ein Kreislauf?

Ja, genauso ist das. Zwischen 10 Grad nördlicher Breite und 10 Grad südlicher Breite - also um den Äquator herum - steigen die Luftmassen etwa 18 Kilometer weit nach oben und strömen dann, genau, wie du vermutest, in diesen hohen Luftschichten nach Norden und Süden weg. Dort sinken die Luftmassen dann wieder ab - zum Beispiel über der Sahara oder im Azorenhoch über dem Atlantik. Und mit den Passatwinden geht es zurück in Richtung Äquator. Der Wissenschaftler, der diesen Kreislauf entdeckt hat, heißt George Hadley.

Lebt der noch?

Nein. George Hadley hat diese Wettermaschine im Jahre 1735 nach Christus entdeckt, also vor über 280 Jahren. Aber er wurde so berühmt, dass dieser Windkreislauf nach ihm benannt wurde. Man nennt dieses Windsystem Hadley-Zelle, und es gibt sie nördlich und auch südlich des Äquators.

Was haben eigentlich die Segelschiffe gemacht, die aus dieser Windstille nicht mehr herauskamen?

Im schlimmsten Fall ist die Mannschaft wirklich gestorben. Totale Windstille gibt es übrigens gar nicht. Die Luftteilchen sind immer in Bewegung, nur eben manchmal sehr langsam. Wir Meteorologen haben festgelegt, dass Windgeschwindigkeiten von unter 1,85 Kilometern pro Stunde als Windstille bezeichnet werden. Das ist also schon sehr wenig.

Beginnt ein Tag fast windstill und reflektiert das Wasser eine farbenfrohe Landschaft, wirkt die Natur entspannt und ausgeglichen. So wie hier am Baikalsee mit der alten Brücke der Circum-Baikal-Eisenbahnlinie in Ostsibirien. Mit dem steigenden Sonnenstand entstehen Aufwinde, und die Windstille findet ihr Ende. Bis die Sonne am Abend untergeht und bei der schwindenden Kraft der Sonne auch der Wind wieder einschläft.

Ich habe dir folgende Filme rausgesucht, die du dir dazu unbedingt ansehen solltest. Ich finde, diese Leute machen das gut ☺:
https://www.youtube.com/watch?v=rDRmR5EIt_s

Und hier ist noch ein interessanter Film über die äquatoriale Tiefdruckrinne:
https://www.youtube.com/watch?v=55Vxl8XS96E

Ohne Wind kann es am heißesten Ort der Erde unerträglich werden. Mehr dazu im nächsten Kapitel. ∎

HITZE

BADWATER BASIN
282 FEET/855 METERS
BELOW SEA LEVEL

Das Badwater Basin liegt an der tiefsten Stelle 85,95 Meter unter dem Meeresspiegel. Am Rande des ausgetrockneten Salzsees gibt es Tümpel salziger Quellen.

• Badwater Basin

HITZE DAS WUNDER DER WANDERNDEN STEINE

Es gibt Orte auf der Erde, da schwitzt man, selbst wenn man sich überhaupt nicht bewegt. Und wenn man sich bewegt, dann verdunstet man so viel Wasser, dass man schon in kurzer Zeit verdursten kann. Wo müsste ich hinreisen, um das zu erleben?

Ins Death Valley, ins Tal des Todes. Dort wurde die bisher höchste Temperatur an einer Wetterstation gemessen: unvorstellbar heiße 56,7 Grad. Die Station, an der es so heiß wurde, hieß Greenland Ranch und trägt heute den Namen Furnace Creek Ranch. Wobei es in der Gegend nicht wirklich sehr grün ist. Die Landschaft ist karg und steinig. Klapper-

• Furnace Creek

Das Bild zeigt die Wetterstation im Jahre 1916 und die dahinter liegende Ranch.

Greenland Ranch 1916

Rekord +++ Höchste jemals auf der Erde gemessene Lufttemperatur, Death Valley (USA, Nordamerika), 56,7° C, gemessen am 10. Juli 1913 (-54 m Höhe, Furnace Creek Ranch, ehemals Greenland Ranch) +++

Wetterstation
Furnace Creek Ranch heute.

schlangen trifft man hier häufiger als Menschen. Am 10. Juli 1913 wurde dieser Extremwert gemessen, und wahrscheinlich schwitzte der Besitzer der Ranch sehr, als er den Wert abgelesen und seinen Aufzeichnungen hinzugefügt hat. Zehn Tage in Folge erreichten die Temperaturen damals am späten Nachmittag Werte über 51,7 Grad. Am 10. Juli wehte dann ein sehr trockener Wind über die Berge, und dieser zusätzliche Föhneffekt war es, der den Rekord brachte.

Elektronische Wetterstationen, so wie heute, gab es damals natürlich nicht. Damals wurde mit Quecksilberthermometern gemessen. Diese Messgeräte waren so genau wie heute.

Ja, aber nicht immer und überall. Bis 2012 galt ein höherer Wert als Rekord. Im Jahre 1922 wurden im Ort El Azizia im Norden Libyens 58,0 Grad gemessen. Diese Messung wurde schon seit vielen Jahren kritisiert, weil eine mit Messungen nicht gut vertraute Person mit Geräten gemessen hatte, die eben nicht verlässlich waren. Die Weltwetterorganisation (WMO) in Genf hat diesen Wert daher 2012 aus der Liste anerkannter Messungen und Rekorde gestrichen.

Das Death Valley ist also der Rekordhalter. Die Bilder zeigen Berge, Täler, schroffe Felsen und Ebenen. Was hat es mit der Landschaft im Death Valley auf sich?

In dieser heißen Gegend gibt es ein sehr faszinierendes Phänomen. Auf einer Ebene liegen große Felsbrocken im Nichts. Hinter ihnen ist eine lange Spur zu sehen. Man ahnt, dass die Steine irgendwann einmal von den Bergen und Hügeln um die Ebene herum gestürzt sein könnten. Aber sie sind dabei keinesfalls so weit auf die Ebene hinausgerollt.

Death Valley

Im Februar 2016 kam es im Death Valley zu Regen. Millionen von Desert-Gold-Wildblumen tauchten die Landschaft entlang der Badwater Road in helles Gelb. Vor allem in Jahren mit einem El-Niño-Phänomen kommt es zu Regen im Death Valley, dann keimt die Saat, die jahrzehntelang auf Regen warten kann.

Das Phänomen kenne ich. Es sind wandernde Steine im Tal des Todes. Diese Steine wandern durch die Kraft des Windes. Aber es kommen noch andere Faktoren dazu.

Es ist schon verrückt: Da liegen Felsbrocken, die 350 Kilogramm schwer sind und die kaum einer von uns auch nur einen Zentimeter schieben könnte. Doch folgende Kombination von Wettereinflüssen schafft es trotzdem: In den Wintermonaten fällt ab und zu ein kräftiger Regenschauer. Das Wasser steht dann fünf bis zehn Zentimeter in der Ebene des ausgetrockneten Sees. Der harte Lehmboden wird schmierig wie Seifenwasser auf Fliesen. Wenn das Wasser nachts gefriert, bildet sich eine ein bis zwei Zentimeter dicke Eisschicht. Beginnt dieses Eis am Tag darauf zu schmelzen, bricht die Eisdecke zu Schollen auf, die schon ein leichter Wind in Bewegung setzt. Der Wind drückt das Eis gegen die Steinbrocken. Kommen diese Kolosse einmal in Bewegung, sind sie kaum zu stoppen und bewegen sich mit der Eisdecke über den See. Es genügt schon eine leichte Brise ab etwa 15 km/h, und die Felsen bewegen sich wie von Geisterhand.

Ist das Theorie, oder hat das schon mal jemand beobachtet?

Es gab schon einige Versuche, die vielen Erklärungen zu untermauern. Aber so eine Wetterlage kommt nur sehr selten vor. Manchmal entwickelt sich die passende Wetterlage nur alle paar Jahre, und nicht immer sind die Bedingungen perfekt. Aber am 20. Dezember 2013 geschah das Unglaubliche. Wissenschaftler hatten Kameras aufgestellt und konnten die Bewegung von über 60 Steinen im Zeitraffer festhalten.

Wie weit sind die Steine an dem Tag gewandert?

Wandernde Steine im Death Valley. Nur durch das Zusammenspiel der passenden Wetterelemente bewegen sich diese Steine.

Einer der größten Steine hat binnen eineinhalb Stunden fast 224 Meter zurückgelegt. Seine Höchstgeschwindigkeit betrug fünf Meter in einer Minute. Das war sogar mit bloßem Auge sichtbar.

Das ist ja unglaublich! Aber wieso hat einer der größten Steine diese Strecke geschafft? Warum sind nicht die kleinen Steine weiter gewandert als die großen?

Das liegt vor allem daran, dass ein großer Stein zwar etwas länger braucht, bis er in Bewegung kommt, dann aber auf dem glatten Untergrund erst stoppt, wenn sich die Wetterbedingungen ändern. Einmal in Bewegung, sind die dicken Brocken kaum zu stoppen. Ähnlich wie bei einem Auto. Ein kleiner Pkw bleibt auf gerader Strecke schneller stehen als ein großer Lkw, wenn sie mit der gleichen Geschwindigkeit beginnen. Nur am Anfang ist mehr Kraft erforderlich, um die Masse in Gang zu setzen.

Könnte man sich auf die Steine setzen und mit geschoben werden?

Lustige Idee! Das wäre vielleicht wirklich möglich. Aber dann müsstest du auf dem Stein sitzen, bevor sich die Eisdecke auf dem Wasser bildet. Das würde eine ziemlich lange und kalte Nacht werden.

Das Death Valley ist schon ein extrem heißer Ort. Und trotzdem kann es nachts Frost geben.

Gerade im Winter kühlt die Wüstenregion stark ab. Dann sind sogar Temperaturen unter -10 Grad gemessen worden. Im Sommer aber, wenn der Wind über die Berge einen zusätzlichen Föhneffekt bringt, dann sind Rekordwerte möglich. Und das sogar nachts. Das Death Valley hält auch den Rekord der heißesten Nacht. Vom 11. auf den 12. Juli 2012 wurde es nachts nicht kühler als 41,7 Grad. Das sind 1,4 Grad mehr als die jemals in ganz Deutschland gemessene Tageshöchsttemperatur.

Die Ebene, auf der diese Steine wandern, sieht aus wie ein großer ausgetrockneter See. Kommt es vor, dass dort mehr Wasser steht als nur fünf bis zehn Zentimeter?

Das ist nur sehr selten der Fall. In der Eiszeit gab es hier viel mehr Wasser. Im Death Valley gibt es einige dieser Ebenen, die wie ein glatter alter Seegrund anmuten, in dem sich über viele Jahrtausende der Lehm gleichmäßig verteilt hat. Rund 80 Kilometer südwestlich der wandernden Steine gibt es eine der größten Ebenen, die Badwater genannt wird.

Badwater heißt schlechtes Wasser. Das flache Land ist ebenfalls der Rest eines Sees, den es hier bis ans Ende der Eiszeit vor rund 10.000 Jahren gab. Damals war das Klima in dieser Region feuchter, und es regnete viel öfter. Badwater klingt nach nicht trinkbarem Wasser. Das wäre keine gute Nachricht, wenn man fast verdurstet an diesen See käme.

Das stimmt. Tatsächlich gab es hier früher einen großen See, den Lake Manly. Heute gibt es noch ein paar Quellen am Rande des Sees, aber das Wasser, das aus diesen Quellen kommt, ist salzig und ungenießbar. Immerhin bilden sich hier und da kleine Salzwassertümpel, in denen sogar Schnecken und ein paar Pflanzen überleben.

Also war das früher ein riesiger Salzwassersee. Deshalb können dort heute wohl nur sehr wenige und an Salz angepasste Pflanzen leben. Könnte man das Wasser denn mit einer solarbetriebenen Entsalzungsanlage aufbereiten? Sonnenlicht gibt es dort ja genug.

Warnschilder zeigen, dass dieser Ort extrem heiß ist. Genügend Wasser sollte man hier haben, eine Autopanne besser nicht.

Rekord +++ Höchste jemals in Europa gemessene Temperatur, Sevilla (Spanien, Europa), 50,0° C, gemessen am 4. August 1881 (8 m Höhe) +++

Das Bild zeigt die Stadt in Andalusien am Abend eines Frühlingstages. Im Vordergrund sieht man eines der spektakulären Gebäude der Stadt: Die gitterartige Struktur wurde komplett nachhaltig aus Holz erbaut und bietet auf ihrer Plattform diesen fantastischen Ausblick und spendet in der Sommerhitze willkommenen Schatten.

Rekord +++ Höchste jemals in Deutschland gemessene Temperatur, Kitzingen, Bayern, 40,3° C, gemessen am 5. Juli 2015 und 7. August 2015 (in 2 m Höhe über dem Erdboden) +++

Rekord +++ Wärmste Nacht in Deutschland, Weinbiet (Rheinland-Pfalz), 27,6° C, gemessen als Minimum in der Nacht vom 12. auf den 13. August 2003 +++

Blick auf das Rheintal vom Weinbietturm aus. Nachts sammelt sich die kühlere Luft im Tal, in den höheren Lagen sind die Nächte oft wärmer. So ist zu erklären, warum die Nacht zum 13. August 2003 hier oben auf dem Berg in 557 Metern Höhe so warm war.

Dasht-e Lut

Da die Temperatur nahe dem Erdboden gemessen wurde, gilt sie nicht als höchste Lufttemperatur der Erde. Ebenso wenig wird die Satellitenmessung von 70,7 Grad gewertet, die in der Dasht-e Lut (Wüste des Sandes) im südöstlichen Iran 2005 zwar eine extreme Temperatur registrierte, jedoch ohne Vergleichsmessung durch eine Wetterstation. Im Winter ist es in der Turpan-Senke übrigens bitterkalt. Der eisige Nordwestwind lässt die Temperaturen hier im Winter auf unter -30 Grad sinken.

Rekord +++ Höchste jemals mit einem Satelliten gemessene Temperatur auf der Erde (Bodentemperatur), Turpan-Senke (China, Asien), 82,3° C, gemessen am 13. Juli 1975 (-155 m Höhe, tiefster Punkt Chinas am im Sommer ausgetrockneten Aydingkol-See) +++

Turpan-Senke

In den salzigen Quellen leben wenige Arten von Fischen.

Ab und zu hat man Glück und kann den seltenen Desert Pupfish sehen, der in den salzigen Tümpeln im Death Valley lebt.

Schwefel und Kalzium färben die Landschaft in dieser 91 Meter unter dem Meer liegenden vulkanischen Senke. 1926 gab es den letzten großen Ausbruch. Der Vulkan gehört zu einem Grabenbruch, der in einigen Millionen Jahren von Wasser geflutet sein wird und der dann an dieser Stelle Afrika geteilt haben wird. Die durchschnittliche Tageshöchsttemperatur liegt in diesem Tal zwischen 36,1° C in den »Winter«-Monaten Januar und Februar und 46,7° C im Juni. Die mittleren Nachtwerte von 30,9° C sind ebenfalls kaum auszuhalten.

Dallol

Das wäre sicher möglich. Dieser See ist übrigens nicht nur wegen der beeindruckenden Landschaft ein Ausflugsziel im Death Valley, sondern auch, weil es der tiefste Punkt in ganz Nordamerika ist. Der ausgetrocknete Seeboden liegt 85,5 Meter unter dem Meeresspiegel. Jedes Jahr sinkt der Boden um weitere 2,5 Millimeter ab. Das klingt nach nicht viel. Doch seit dem Ende der letzten Eiszeit vor 10.000 Jahren sind es etwa 25 Meter. Für uns mag das wenig sein, bezogen auf die Erdgeschichte, geht das sehr schnell. Irgendwann werden die Berge das Tal so weit auseinandergezogen haben, dass dort vielleicht ein neues Meer entsteht. Es ist übrigens nicht sehr ratsam, über den salzigen Boden des Sees zu laufen, denn die Kruste ist nicht überall sehr dick. An vielen Stellen bricht man ein und steckt im salzigen Schlamm fest.

Es gibt wohl keinen Ort, auf den der Name Death Valley so gut passt wie auf diesen.

Vielleicht ist dir jetzt nach einer Abkühlung zumute? Dann empfehle ich den Südpol. Die höchste hier jemals an der Amundsen-Scott-Forschungsstation gemessene Temperatur lag am 25. Dezember 2011 bei -12,3 Grad.

Hope Bay

Das Bild zeigt die Forschungsstation Esperanza Base in der Hope Bay im Januar 2016.

Adeliepinguine in der Hope Bay haben sich an die Bedingungen in der Antarktis gut angepasst. Sie müssen nicht fliegen können, denn hier gibt es keine Fressfeinde an Land. Und während sie trotz festen Bodens unter den Füßen schwankend unterwegs sind, kommen sie im Wasser pfeilschnell voran.

Rekord +++ Höchste jemals in der Antarktis gemessene Temperatur, Hope Bay (Antarktis), 14,6° C, gemessen am 5. Januar 1974 (15 m Höhe) +++

Hier haben wir einen Film herausgesucht, der in vier Teilen viel über das Death Valley erzählt. Allerdings weiß die Wissenschaftlerin im letzten Teil noch nicht, wie es zu den wandernden Steinen kommt.
https://www.youtube.com/watch?v=g5NuSPf4BUg

Dieser Film zeigt des Rätsels Lösung der wandernden Steine im Death Valley.
http://www.focus.de/wissen/videos/faszinierendes-mysterium-raetsel-der-segelnden-steine-im-tal-des-todes-geloest_id_4098872.html

Genug geschwitzt. Abkühlung gibt es ab Seite 180 am kältesten Ort der Erde.

Hier haben ja Winde Eisschollen in Bewegung versetzt und Steine geschoben. Ab Seite 198 zeigen wir dir, wie eine Eisdecke an Land kommt und ganze Häuser zerstört.

Rekord +++ Höchste jemals am Südpol gemessene Temperatur, Amundsen-Scott-Forschungsstation (Antarktis), -12,3° C, gemessen am 25. Dezember 2011 (2.800 m Höhe) +++

Amundsen-Scott-Forschungsstation

HÖHLENLUFT

Höchste andauernde Kombination von feuchter und heißer Luft, Naica-Höhle (Mexiko, Mittelamerika), Lufttemperatur ganzjährig zwischen 45 und 50°C bei über 90 Prozent Luftfeuchtigkeit +++

Die Höhle wurde im Jahr 2000 von Bergleuten bei Abbauarbeiten in einem Stollen 300 Meter unter der Erdoberfläche entdeckt. Sie liegt in der Mine Naica und enthält die größten bekannten Kristalle der Erde. Die Gipskristalle, von denen einige bis zu 12 Meter lang waren, sind heute als »Höhle der Kristalle« bekannt. Diese Kristalle wuchsen mit extrem niedriger Geschwindigkeit in einer mit Kalzium und Sulfat gesättigten Heißwasserlösung von etwa 55 Grad über einen Zeitraum von etwa einer Million Jahren. Das heiße Wasser, das durch den Naica-Bereich zirkuliert, ist auf eine Magmakammer zurückzuführen, die tief unter der Mine liegt. Die Betreiber der Mine pumpten das Wasser ab, und zutage trat die beeindruckende Höhle. Alexander E.S. Van Driessche, Wissenschaftler am Institut für Geowissenschaften in Grenoble (Frankreich), schrieb uns: »Um die Höhle der Kristalle zu erreichen, mussten wir ca. 30 Minuten mit dem Lkw durch den Minenschacht fahren, der sich in die Erde hinunterdreht. Sobald wir den Eingang der Höhle erreichten, wurden wir sofort von einer ›Wand‹ aus extrem feuchter und heißer Luft getroffen. Es ist unmöglich, für längere Zeit in der Höhle zu bleiben. Die überwältigende Schönheit des Ortes lässt einen aber augenblicklich die rauen Bedingungen vergessen. Trotzdem kann man ohne Schutzausrüstung nur maximal 15 Minuten bleiben, danach ist eine Ruhezeit von mindestens 45 Minuten erforderlich. Wenn du aus der Höhle kommst, bist du völlig durchgeschwitzt, und du kannst buchstäblich den Schweiß aus deinem Hemd quetschen, und Wasser steht in deinen Stiefeln. Daher ist es während der Ruhezeit und vor dem erneuten Eintritt in die Höhle entscheidend, viel zu trinken und Salze zu sich zu nehmen. Gewöhnlich machten wir morgens drei Einstiege, gingen dann zum Mittagessen und untersuchten die Kristalle auch am Nachmittag drei Mal. Andere Teams, die in der Höhle waren und dort arbeiteten, verwendeten einen speziell entwickelten Kühlanzug mit enthaltenen Kühlboxen und einem Beatmungsgerät. Mit dieser Ausrüstung konnten sie ca. 45 Minuten in der Höhle bleiben. Aufgrund des Materialgewichts ist die Fortbewegung in der Höhle jedoch komplizierter.« Seit Ende 2015 ist die Kristallhöhle wegen Bergbauaktivitäten geschlossen, und die Bedingungen in der Höhle könnten sich erheblich geändert haben.

Naica-Höhle

Die Luft in der Naica-Höhle ist so heiß und feucht, dass man es nur wenige Minuten in ihr aushalten kann, ohne zu ertrinken. +++

HÖHLENLUFT
GLUTOFEN DER RIESENKRISTALLE

• Lascaux

Früher haben Menschen Höhlen genutzt, um sich vor extremen Wetterbedingungen zu schützen. Höhlen zeichnet aus, dass die Temperaturen mit den Jahreszeiten kaum schwanken. Als diese Malereien in der Höhle von Lascaux in Südfrankreich entstanden, lebte der Mensch, wie wir ihn kennen, noch nicht in Westeuropa. Man schätzt die Bilder auf ein Alter zwischen 21.000 und 38.000 Jahre.

Wusstest du schon, dass es extremes Wetter auch unter der Erde gibt?

Also, ich weiß schon, dass es zum Erdmittelpunkt hin immer heißer wird, aber dass es da Wetter gibt, ist mir neu.

Dann muss ich dir von den Höhlen von Naica berichten.

Wo ist das?

Naica liegt in Mexiko. Dort graben Bergleute seit weit über 100 Jahren Tunnel in den Erde, um Metalle und Erze als Rohstoffe aus dem Berg zu holen. Dabei haben sie in 120 Metern unter der Erdoberfläche eine unglaubliche Entdeckung gemacht. Sie fanden eine Höhle mit gewaltigen Kristallen.

Wie groß sind sie?

Es sind die größten Kristalle der Welt. Sie sind bis zu 14 Meter lang und ragen kreuz und quer durch die Höhle. Als die Bergleute die Höhle gefunden hatten, kam ihnen etwa 55 Grad heißes Wasser entgegen, mit dem die Höhle bis oben hin geflutet war. Inzwischen ist das ganze Wasser abgepumpt worden, und Wissenschaftler können in die Höhle hinein. Was aber extrem schwierig ist, denn in dieser Höhle herrscht tödliches Wetter. Die Temperaturen liegen bei 45 bis 50 Grad, und dazu herrscht eine Luftfeuchtigkeit von fast 100 Prozent.

Woher kommt denn diese ganze Hitze?

Unter der Höhle befindet sich eine Magmakammer mit geschmolzenem Gestein. Dieses Magma ist extrem heiß und wärmt so von unten die Höhle. Hast du eine Idee, warum das Wetter so gefährlich ist?

Meine Vermutung ist, dass durch die Hitze der Körper schwitzt, aber die Feuchtigkeit nicht an die Luft abgegeben werden kann, weil die Luft so feucht ist, dass sie keine weitere Feuchtigkeit mehr aufnehmen kann. Und deshalb kann der Körper sich nicht kühlen und überhitzt. Dadurch würde man sterben.

Genauso ist es und noch schlimmer. Weil der Körper mit 37 Grad so viel kühler ist als die feuchte Luft, kondensiert der Wasserdampf aus der Höhlenluft auf dem Körper. Dabei wird dem Körper noch mehr Wärme zugeführt, und man überhitzt sehr schnell.

Wie lange hält man es in so einer Luft aus?

Nur wenige Minuten. Es gibt Spezialanzüge, die den Körper mit trockener Luft umströmen, und man muss Atemgeräte tragen. Wer so ausgestattet ist, kann es etwa eine Stunde zwischen den Kristallen aushalten.

Wie sind die Kristalle entstanden?

Kristalle wachsen ja sehr langsam, und man geht davon aus, dass diese hier zwischen 100.000 und einer Million Jahre alt sind. Das Material nennt sich Marienglas. Wissenschaftler nennen es Selenit. Das ist ein Material, das mit Gips verwandt ist. Im Wasser war diese Substanz in großer Konzentration enthalten und ist dann nach und nach zu Kristallen geworden.

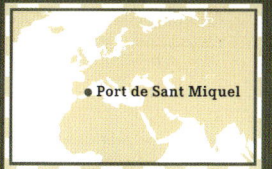

Extremes Gedächtnis +++ Stalaktiten wachsen aus der Decke einer Höhle schneller, wenn kalkhaltiges Wasser durch den Fels in die Höhle dringt. In eisigen Wintern und in Kaltphasen wie den Eiszeiten ist das Wasser an der Oberfläche gefroren. Dann wachsen Stalaktiten langsamer. Klimaforschern helfen diese Formationen, die Klimageschichte unseres Planeten zu verstehen. Das Bild zeigt Stalagmiten in der Can-Marçà-Höhle in Port de Sant Miquel auf Ibiza in Spanien. +++

• Port de Sant Miquel

Das klingt so, als sei es vergleichbar mit einem Stab, den man in ein Glas mit Salzwasser stellt. Dabei setzt sich das Salz an dem Stab fest und bildet Kristalle.

Ja, ungefähr so ist es. Das kann man zu Hause selber ausprobieren. Es gibt allerdings einen großen Unterschied zu den Kristallen in der Höhle. Die Kristalle im Glas wiegen nur wenige Gramm, und Geschwister können sie schnell verschwinden lassen. Die Kristalle in der Höhle wiegen bis zu 50 Tonnen und können eher nicht geklaut werden.

Kann man die Kristalle abbauen, um sie zu verkaufen?

Dazu müsste man die Kristalle zerstören, und das möchte niemand. Also gibt es nur die beeindruckenden Fotos und Filme aus der magischen Höhle.

So sehen die Kristalle in der Hitzehöhle aus, die über viele Jahrzehntausende entstanden sind, als die Höhle noch unter Wasser stand.

Hier siehst du Forscher, die in die Höhle mit den gewaltigen Kristallen einsteigen:
https://www.youtube.com/watch?v=LWLX1-N-X70

Mitten zwischen den höchsten Sanddünen der nördlichen Ausläufer der Atacama-Wüste in Peru liegt die Oase Huacachina. Der See wird von einem Fluss gefüllt, der unter dem Sand aus den Anden in Richtung Meer fließt. Trotz der großen Trockenheit mit nur 25 Litern Regen pro Quadratmeter im Jahr wohnen hier rund 100 Menschen. Tretbootfahren und Sandboarden sind hier bei Touristen eine beliebte Sportart.

● Huacachina

TROCKENHEIT

TROCKENHEIT

VON EINEM KLEINEN GECKO, DER IN DER WÜSTE JEDEN TAG AN WASSER KOMMT

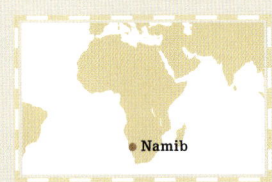

Namib

Er ist nur zwölf Zentimeter lang, sieht ziemlich niedlich aus und lebt an einem der trockensten Orte der Erde. Der kleine Namib-Sandgecko hat ein großes Problem: Wasser. Die Namib ist eine Wüste in Südafrika, in der es manchmal jahrelang nicht regnet. Und doch lebt in diesem heißen Wüstensand ein kleiner Gecko. Seine Haut ist weich, seine Augen sind groß, und zwischen den Zehen hat er Schwimmhäute.

Die Schwimmhäute benötigt er allerdings nicht zum Baden. Eine Oase oder einen Fluss gibt es in seiner Nähe nicht. Der Gecko schwimmt im Sand. Wenn es ihm tagsüber zu heiß ist, dann schwimmt er in Sandschichten, die kühler sind. Auf der Oberfläche wirken die Schwimmhäute, als hätten wir uns große Teller unter die Schuhe gebunden. So sinkt er nicht ein und kann sehr schnell über den Sand laufen. Aber wie kommt er an Wasser? Er könnte sich zum Grundwasser buddeln, was wohl länger dauert, als ein kleiner Gecko lebt.

Das macht er natürlich nicht. Er hat ein ziemlich gutes System entwickelt, um fast täglich an Wasser zu kommen. Dunkle Gegenstände kühlen sich nachts stärker ab als helle. An den kühlsten Stellen kann sich nachts Tau absetzen. Auf den Scheiben schwarzer Autos kann man das morgens gut sehen. Der Sandgecko hat den dunkelsten Ort der ganzen Umgebung immer dabei. Seine Augen. Nachts setzt er sich an einer tieferen Stelle zwischen den Dünen in den Sand. Hier sammelt sich die kälteste Luft. Sein Auge hat er offen, bis sich Tautropfen bilden, die er mit seiner Zunge ableckt.

Daran kannst du sehen, wie einfallsreich die Natur ist, wenn sie ein paar Millionen Jahre Zeit hat. Es gibt also Orte auf der Erde, da ist es nicht einfach, zu überleben. Die trockensten Orte der Erde gehören auf jeden Fall dazu. In vielen Wüstenregionen ist es normal, dass jahrelang kein Regen fällt. Es gibt Wetterstationen, an denen wurde über zehn Jahre lang kein Regen registriert. Einen der vielen Rekorde hält die Wetterstation in Wadi Halfa. Das liegt im nordafrikanischen Land Sudan. 228 Monate am Stück blieb der Regentopf trocken. Du kannst dir vorstellen, wie es an einem Ort aussieht, an dem es 19 Jahre lang nicht regnet.

Überall werden Sand und Steine sein. Pflanzen gibt es nur wenige, und auch Tiere werden es hier extrem schwer haben, zu überleben, vom Menschen mal ganz abgesehen. Lebt da jemand? Ja, in der Stadt leben rund 15.000 Menschen. Die Stadt Wadi Halfa liegt ganz im Süden des Nubia-Sees, einem Stausee des Nils. Dieses Wasser ermöglicht den Menschen das Überleben, den Handel und ein Auskommen. Die lange Trockenheit konnte natürlich nur gemessen werden, weil dort eine Wetterstation steht. Es gibt Orte, die wahrscheinlich noch viel trockener sind, an denen aber keine Wetterstation steht.

Kaum größer als ein Finger. Der Namib-Gecko hat zwar Schwimmhäute zwischen den Zehen, doch benutzt er sie zum Laufen auf dem Sand. Nachts sammeln sich Tautropfen auf seinen Augen. So kommt er fast jede Nacht an frisches Wasser.

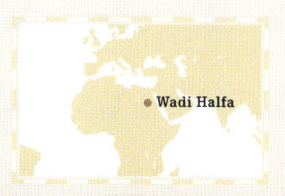

Trotz der Trockenheit haben die Menschen Wasser. Die Stadt liegt am Rande des Nubia-Sees, einem Stausee des Nils.

Wadi Halfa

Rekord +++ Trockenster Ort in Afrika mit der niedrigsten mittleren Jahresniederschlagshöhe, Wadi Halfa (Sudan, Afrika), <2,5 mm, gemessen über eine Dauer von 39 Jahren (125 m Höhe) +++

Quillagua im Norden Chiles liegt am Panamerikanischen Highway (Route 5), der über 3.000 Kilometer von Norden nach Süden durch Chile verläuft. Das Bild zeigt den Highway unweit von Quillagua im Tal des Río Loa in der Atacama-Wüste.

Quillagua

Rekord +++ Trockenster Ort in Südamerika mit der niedrigsten mittleren Jahres-niederschlagshöhe, Quillagua (Chile, Südamerika), 0,5 mm, gemessen über eine Dauer von 37 Jahren (1964–2001) +++

Extremes Ereignis +++ Eine der ersten überlieferten Dürren, um 2200 v. Chr. wird für den Untergang der Reiche in Mesopotamien und Ägypten verantwortlich gemacht. Oft haben Dürren die Geschichte der Menschheit beeinflusst. Das Bild zeigt Knochenreste in der Arabischen Wüste. +++

Diese liegen wohl auch in der Wüste. Schließlich ist es so, dass die sehr warmen Luftmassen mit der höchsten Sonneneinstrahlung am Äquator aufsteigen und dann nördlich und südlich davon wieder absinken. Und dort, wo die Luft absinkt, lösen sich die Wolken auf, und ohne Wolken fällt kein Regen. Deshalb liegen in diesen Gebieten auch die größten Wüsten der Erde.

Genau aus diesem Grund fällt in vielen Regionen der größten Wüsten der Welt oft jahrelang kein Regen. Gute Beispiele dafür sind die Sahara, die Namib in Südafrika und auch die Atacama in Chile. So hat die chilenische Wetterstation Quillagua am Rande der Atacama-Wüste nach Mai 1992 angeblich 20 Jahre lang keinen Niederschlag registriert. Mit einer durchschnittlichen jährlichen Regenmenge von gerade einmal 0,5 Litern steht diese Station an einem der trockensten Ort der Erde. Im Zentrum der Wüste hat es angeblich seit Jahrhunderten nicht geregnet, und im Mittel fallen gerade einmal 0,1 Liter Regen pro Jahr. Im Vergleich dazu fallen in den trockensten Gebieten Deutschlands knapp 500 Liter pro Quadratmeter im Jahr.

Warum ist es in der Atacama-Wüste denn so extrem trocken? Andere Regionen auf gleicher geografischer Breite sind doch viel nasser.

Die Atacama liegt genau zwischen einer sehr kalten Ozeanströmung im Westen und einem Hochgebirge im Osten. Diese Berge lassen die Gewitterwolken, die von Argentinien und Bolivien in Richtung Wüste ziehen, abregnen. Nur ein paar Wolken schaffen es noch über die Berge in die Wüste. Das kalte Wasser des Humboldtstroms vor der Küste sorgt auf der anderen Seite der Wüste dafür, dass dort der Auftrieb fehlt.

Die Luftmassen über dem Wasser sinken ab.

Seit mindestens 15 Millionen Jahren herrscht das trockene Klima in der heute trockensten Wüste der Welt. In dieser Zeit sind unendlich viele Dünen

durch die Atacama-Wüste gewandert. Das Bild zeigt die große Sanddüne am Rande des Tals des Mondes, etwa 17 Kilometer von der Stadt San Pedro de Atacama entfernt.

Rekord +++ Trockenster Ort in Südamerika mit der niedrigsten mittleren Jahresniederschlagshöhe, Arica (Chile, Südamerika), 1 mm, gemessen über eine Dauer von 59 Jahren (29 m Höhe) +++

Rekord +++ Längste Dürre, Arica (Chile, Südamerika), 173 Monate, gemessen vom Oktober 1903 bis Januar 1918 +++

Es ist schon ein wenig gruselig, sich vorzustellen, dass der Körper eines Toten durch extrem trockene Luft mumifiziert wird und so über viele Jahrhunderte überdauern kann. Ähnlich, wie Ötzi ein paar 1.000 Jahre im Gletschereis konserviert wurde, so hat auch diese Mumie in einer Höhle in Altiplano plateau (Bolivien) viele Jahrhunderte überstanden. Wissenschaftlern helfen solche Funde, mehr über die Menschen von damals zu erfahren. Die Knochen sagen viel über das Alter, die Zähne viel über die Ernährung und das Erbgut über die Herkunft des Menschen, den man vor sich hat. Und je mehr man von einer Mumie weiß, umso weniger gruselig ist sie.

Es bildet sich zwar oft Nebel an der Küste. Für Regen im Binnenland reicht es aber nicht. Die Atacama-Wüste kann also als trockenste Wüstenregion angenommen werden, in der fast nichts wächst. Nur wenn der Humboldtstrom durch El-Niño-Ereignisse schwächer wird und die Wassertemperaturen steigen, dann ziehen plötzlich Gewitter in die Wüste und bringen kräftigen Regen in die küstennahen Landstriche der Trockenregion. Wenn das passiert, geschieht an einigen Stellen etwas Unvorstellbares. Die Wüste blüht.

Und das sieht sehr beeindruckend aus. Ein einziger Regenguss reicht aus, um Tausende von Blumen in Windeseile sprießen zu lassen. Binnen weniger Tage sind dann kilometerweit lila, blaue und gelbe Blumen zu sehen. Da hat sich die Natur schon etwas sehr Besonderes einfallen lassen.

Das hat sie. Denn die Pflanzen überdauern Jahrzehnte der Trockenheit, wenn es sein muss. Die Saatkörner liegen unter dem Sand und ertragen sowohl Hitze als auch Dürre. Sobald der Regen kommt, beginnt die Saat zu keimen. Es dauert nur wenige Tage, dann ist das beeindruckende Schauspiel auch schon wieder vorbei. Leider werden in der Wüste immer wieder mal Autorennen veranstaltet, die in der Trockenzeit die Saat zerstören. Inzwischen gibt es aber große Schutzgebiete, damit die Wüste beim nächsten Regen wieder blühen kann.

Extremes Ereignis +++ Extrem selten, extrem schön: die blühende Wüste der Atacama. Alle paar Jahre schafft es mal ein Gewitter bis in die trockenste Region der Welt. Die Pflanzen haben es geschafft, sich an diese Bedingungen anzupassen. Doch kommt der Regen, dann geht die Saat auf, und ein Meer aus Millionen von Blumen bedeckt den ansonsten trockenen Boden. Möglich wird der Regen durch das El-Niño-Phänomen. Dabei erwärmt sich das ansonsten sehr kalte Wasser an der Küste. **+++**

Extremes Ereignis +++ Was ist eigentlich extrem? Dieses Bild zeigt, dass die Definition nicht einfach ist. Unsere Normalität ist in der Atacama-Wüste ein extremes Ereignis: Regen. Im Herzen der trockensten Wüste der Erde regnet es nur alle paar Jahre mal. So wie bei uns nur alle paar Jahre die Temperaturen auf über 35 Grad steigen. Einerseits ist extremes Wetter also dadurch gekennzeichnet, was für das Klima eines Ortes extrem ist. Auf der anderen Seite ist aber auch alles das extrem, was so stark von unserem Idealwetter abweicht, dass wir dadurch krank oder verletzt werden. **+++**

Atacama

Extremes Ereignis +++ Am 15. August 2017 blühte die Atacama-Wüste nach einem kräftigen Gewitterregen auf. Über 200 verschiedene Blumenarten wachsen in der Atacama, und die meisten von ihnen gibt es nirgendwo sonst auf unserem Planeten. +++

Mit dem Anstieg der Wassertemperaturen infolge des Klimawandels müsste es doch in Zukunft häufiger zur blühenden Wüste kommen, oder?

Das ist richtig. Auch könnte es zu häufigeren El-Niño-Ereignissen kommen. Dabei verändert sich die Meeresströmung entlang des Äquators im Pazifischen Ozean. Durch die Richtungsänderung kommt dann sehr viel wärmeres Wasser an die Oberfläche, was Regen im Binnenland bringt. Aber: Hättest du gedacht, dass man in der Wüste Tretboot fahren kann?

In der Wüste?

Eine Runde Tretbootfahren in der Wüste? In der Oase Huacachina im Süden Perus ist das tatsächlich möglich.

In einer Oase. Mitten in der Sandwüste liegt das Dorf Huacachina an den nördlichen Ausläufern der Atacama-Wüste in Peru. Im Dorf ist ein See, der von einem Fluss gespeist wird, der unter dem Wüstensand aus den Anden, einem großen Gebirge in Peru, in Richtung Meer fließt.

Abgefahren.

Der Ort ist bei Touristen sehr beliebt. So beliebt sogar, dass 1988 der See trockenfiel, weil zu viel Wasser verbraucht wurde. Aber weil der See im Wüstensand weiterhin viele Besucher anzog, hat man kurzerhand Wasserleitungen verlegt, mit denen der See zusätzlich gefüllt wird.

Das finde ich ziemlich verrückt.

Wie wahr. Aber immerhin ist die Oase nicht umkämpft. In der Sahara wurden früher viele Auseinandersetzungen um das Wasser geführt. Denn in der Wüste ist Wasser gleich Leben und Überleben. Führen wir uns kein Trinkwasser zu, sterben wir innerhalb von wenigen Tagen.

In der brennenden Hitze der Wüste kann das schon nach nur zwei Tagen passieren. Der Körper trocknet aus, und über die Haut verdunstest du Wasser.

Sprachstörungen, Kopfschmerzen und ein unsicherer Gang sind die ersten Folgen, ehe das Bewusstsein aussetzt. In der Atacama hat man schon mumifizierte Menschen gefunden, die diese extremen Bedingungen nicht überlebt haben.

Gruselig. Dann haben wir ja fast alle trockensten Regionen der Erde besucht. Aber es gibt eine Wüste, in der keine Sanddünen mit Kamelen um die Wette wandern, und die müssen wir unbedingt noch erwähnen: die Eiswüste der Antarktis.

Ja, genau. Diese Eiswüste gehört ebenfalls zu den trockensten Regionen der Welt, auch wenn dort überall Eis und Schnee anzutreffen sind. In einigen Regionen dauert es hundert Jahre, damit ein Meter Schnee hinzukommt. Wenn die Luft sehr trocken ist, dann kann Schnee sublimieren.

Dabei geht Wasser vom gefrorenen Zustand direkt in den gasförmigen über, ohne dass Schnee oder Eis vorher schmelzen. Und so verschwindet Schnee in großer Kälte wie von Geisterhand, obwohl es nicht taut.

Doch es gibt Täler in der Antarktis, da ist es so trocken, dass von den wenigen Schneeflocken der letzten Jahrtausende nichts übrig ist.

Wow, wo ist das genau? Wie heißt die Region?

Dieser Effekt tritt in den sogenannten Trockentälern auf. Das größte dieser Trockentäler ist das Wright Valley. Es ist das größte von drei nebeneinanderliegenden Tälern. Die Region liegt im Transantarktischen Gebirge etwa dort, wo das Ross-Schelfeis endet, eine große schwimmende Eisfläche. Die Täler liegen so, dass Luftmassen mit Niederschlägen die Regionen nur sehr selten erreichen und die Wolken schon an den hohen Bergkämmen abschneien. Zudem kann die dort herrschende extrem kalte Luft nur sehr wenig Feuchtigkeit aufnehmen.

Und wo nur wenig Feuchtigkeit in der Luft ist, fällt auch weniger Niederschlag.

Nur selten fällt daher im Wright Valley etwas Schnee, oder der Wind weht Schnee über die Bergkuppen hinweg ins Tal. Im antarktischen Hochsommer steigen die Temperaturen ein paar Grad über den Gefrierpunkt. Dann schlängelt sich durch das staubtrockene Tal der Onyx, ein kleiner Schmelzwasserfluss, der am Fuße eines Gletschers entspringt. Das Tal birgt aber noch ein viel spannenderes Geheimnis, den kleinen See Don Juan. Er ist auch im tiefsten Winter noch flüssig und gefriert doch erst bei -51,8 Grad Celsius.

Bei unter -50 Grad. Das ist ja nur möglich, wenn ganz viel Salz im Wasser ist. Je mehr Salz im Wasser gelöst ist, desto tiefer der Gefrierpunkt. Während Leitungswasser bei 0 Grad zu Eis wird, gefriert die salzige Nordsee erst bei etwa -1,8 Grad. Das Wasser des Don Juan muss grausam schmecken!

Es ist absolut ungenießbar. Der Anteil an Salzen in diesem Wasser beträgt 40 Prozent. Damit ist der Don Juan der salzhaltigste See der Erde. Als Hubschrauberpiloten den See 1961 entdeckten, waren sie sehr überrascht, dass dieser bei -30 Grad Lufttemperatur immer noch flüssig war. Sie dachten zunächst an heiße Quellen, aber dann hätte Dampf aufsteigen müssen, und in dieser trockenen

Wright Valley

Extremer Ort +++ Wie kann das sein?
Der kleine See ist flüssig, obgleich die Lufttemperatur seit Wochen bei -30 Grad liegt. Und die Wassertemperatur auch. Dieser kleine See, der im Sommer manchmal nur wenige Meter Durchmesser aufweist, liegt im Wright Valley, einem Trockental in der Antarktis. Über Jahrmillionen hat das geringe sommerliche Schmelzwasser aus den Gletschern lösliche Mineralien und Salze der Steine ausgewaschen und in diesen kleinen See geschwemmt. Die Brühe ist so hoch konzentriert, dass ihr Gefrierpunkt bei -51,8° C liegt. Weltrekord.
Das Foto der NASA zeigt den See im Dezember 2014. Das Tal gehört zu den trockensten Regionen der Welt. +++

Extremes Ereignis +++ Wo sonst Schiffe fahren, ist das Land trockengefallen. Der Rhein bei Bacharach, aufgenommen am 22. August 2015. +++

Rekord +++ Aktuell trockenster Ort in Deutschland, Grünow (Brandenburg), 483 mm, gemessen in den Jahren (1981 bis 2010) +++

Rekord +++ Geringster Jahresniederschlag in Deutschland, Aseleben (Sachsen-Anhalt), 209 mm, gemessen im Jahre 1911 +++

Rekord +++ Trockenster Sommer in Deutschland, 1911 mit 123,9 mm Niederschlag über alle Stationen gemittelt (seit 1881) +++

Rekord +++ Trockenstes Jahr in Deutschland, 1959 mit 551,1 mm Niederschlag über alle Stationen gemittelt (seit 1881) +++

Region wäre der See in kürzester Zeit verdunstet. Über einige Millionen Jahre hinweg hat das wenige Schmelzwasser die Salze aus dem Gestein gewaschen und in den kleinen See getragen. Wenn dort das Wasser verdunstet, dann bleiben die Salze übrig. In vielen Jahren ist der See kaum größer als eine Pfütze und gerade einmal 10 bis 30 Zentimeter tief und nur wenige Meter lang. Zum Schwimmen ist das nicht nur zu flach, das Wasser würde auch sofort zu Erfrierungen führen. Würde man die Hand in das -30 bis -40 Grad kalte Wasser halten, würde diese in kürzester Zeit gefrieren.

Das erinnert mich an flüssigen Stickstoff und Trockeneis. Nur dass diese kalte Salzsuppe natürlichen Ursprungs ist. Die folgenden Filme bieten beeindruckende Bilder aus den Regionen.

Helikopterflug in die Trockentäler der Antarktis:
https://www.youtube.com/watch?v=7lVQBVxY6yc

Die Atacama-Wüste in voller Blüte:
https://www.youtube.com/watch?v=0x8_SZvhqFw

Wie der Namib-Sandgecko an Wasser kommt:
https://www.youtube.com/watch?v=JgAziQ74GtY

Wenn dir das Thema zu trocken war, dann wären vielleicht die nassesten Orte der Erde etwas für dich. Damit geht es weiter auf Seite 162.

In den Wüsten ist es nicht nur extrem trocken, sondern auch extrem heiß. Die heißesten Orte der Erde besuchen wir ab Seite 128.

NEBEL

Phu Chi Fa

Kältere Luft ist schwerer als warme. Und so sammelt sich die kalte Luft in klaren Nächten gerne an den tiefsten Punkten in der Umgebung. In den Bergen kann man so morgens oft bei Sonnenaufgang auf ein Nebelmeer im Tal schauen, wie hier beim atemberaubenden Blick vom Phu Chi Fa, Chiang-Rai-Provinz, im Norden Thailands.

NEBEL
WENN DIE ORIENTIERUNG VERSCHWINDET

Nebel ist nicht nur eine ziemlich undurchsichtige Angelegenheit, er kann auch gefährlich sein. Wenn in den Niederungen flache Bodennebelfelder Autofahrern plötzlich die Sicht nehmen, dann ist die Gefahr eines Unfalls groß.

In den Bergen fliegen Hubschrauberpiloten nur auf Sicht und landen sofort, wenn Nebel kommt. Ein Pilot hat mir vor dem Start in den Pyrenäen erzählt, dass man schon nach 30 Sekunden die Orientierung verliert und den Hubschrauber nicht mehr beherrschen kann.

Das ist auch der Grund, warum man bei Nebel nicht ins Moor oder Watt gehen soll, und auch eine Skitour im Schnee ist dann extrem gefährlich. Es kann zu einem sogenannten Whiteout kommen.

Was ist das denn? Ist das vergleichbar mit einem Blackout, also einem Moment, in dem man plötzlich nicht mehr weiterweiß?
Blackout und Whiteout können in der Tat dieselbe Wirkung haben. Stell dir vor, es liegt Schnee, und das Sonnenlicht scheint stark gestreut durch dichten Nebel. Für das Auge ist kaum noch ein Kontrast zu

Extremes Ereignis +++ Bei einem Whiteout-Ereignis verschwimmen die Unterschiede zwischen den Schneeflächen und dem Himmel. Der Horizont verschwindet im hellen Nebel. Viele Menschen bekommen Beklemmungen und verlieren die Orientierung. Das Foto ist am 14. März 2007 auf dem Ekström-Schelfeis in der Antarktis entstanden. Aber auch in den Alpen kann einem bei Nebel die Orientierung verloren gehen. +++

Baikalsee

erkennen. Alles wirkt weiß. Der Horizont ist nicht mehr zu erkennen, und egal, in welche Richtung du schaust, es ist alles gleichmäßig weiß und hell. Man bekommt das Gefühl, in völliger Leere zu stehen. Einige sagen, es fühle sich an, als sei man orientierungslos in die Unendlichkeit geworfen worden.

Das klingt so, als würde man dann nur noch ziellos durch die Gegend taumeln.

Der Gleichgewichtssinn kommt da schnell aus dem Tritt, das stimmt. Das ist auch der Grund, warum Piloten im Nebel nur nach Instrumenten fliegen können. Ein Gerät zeigt als Ersatz im Cockpit einen künstlichen Horizont an. Bei der Schneewanderung hat man so etwas natürlich nicht dabei.

Das stimmt. Aber irgendwann löst sich der Nebel ja wieder auf. Man könnte einfach warten.

Was natürlich nur geht, wenn es nicht zu kalt ist. Es hilft aber auch, sich den Wetterbericht vorher anzuhören und ein Smartphone mit Routenplaner und genügend Akku dabeizuhaben. Beides zusammen kann in so einer misslichen Lage schon sehr hilfreich oder sogar rettend sein. Schließlich weiß man nie, wann sich der Nebel auflöst.

Wie lange dauerte denn der längste Nebel in Deutschland?

Über 10 Tage!

Über 10 Tage? Dann ist jeder Akku leer.

Das passiert natürlich nur sehr selten. Beobachtet wurde dieser Nebel von Ende April bis zum 7. Mai 1996 im Thüringer Wald. Ganze 242 Stunden lang war es ohne Unterbrechung neblig, länger als an jedem anderen Ort in Deutschland bisher.

An der Westküste des Baikalsees (Russland) schiebt sich eine Nebeldecke über die Berghänge hinweg in Richtung See. Manchmal ist Wetter einfach nur schön, oder?

Kommen bei Nebel Frost und Wind hinzu, dann bilden sich Eisfahnen, die sehr lang sein können.

Diese Eisfahnen wachsen übrigens gegen den Wind. Auch wenn es anders aussieht. Die feinen Tröpfchen im Nebel treffen mit dem Wind auf einen Gegenstand und gefrieren. Auf dieses Stückchen Eis trifft der nächste Nebeltropfen und gefriert. Und so weiter. Irgendwann ist ein langer Eiszapfen dem Wind entgegengewachsen.

Dabei können im Extremfall dreißig Zentimeter lange Eisfahnen entstehen, ehe diese zu schwer sind und abbrechen. Auf dem Brocken im Harz kann man dieses Phänomen sehr gut beobachten. Er ist, was Nebel angeht, ein besonders extremer Ort, hält er doch den Rekord für die größte Anzahl an Nebeltagen in Deutschland. 1958 gab es hier 330 Tage mit Nebel.

Nebel kann also nicht nur die Sicht nehmen, sondern auch gefrieren. Das ist vor allem auf Straßen gefährlich, weil sich dann Reifglätte bildet. Andererseits sieht es toll aus, wenn der Nebel abgezogen ist und einen weißen Eiskristallteppich über die Landschaft gelegt hat.

Brocken

Wir hatten also Bodennebel, Dauernebel, Whiteout, Eisfahnen und gefrierenden Nebel am Wickel. Aber hast du schon mal von Salznebel gehört?

Nee.

Das ist Nebel, der bei besonderen Wetterlagen vom Meer landeinwärts zieht. Einige Zutaten sind nötig, damit Salznebel beispielsweise bei uns entstehen kann. Wir benötigen ein salziges Meer, wie es beispielsweise die Nordsee ist. Idealerweise ist das Wasser noch recht warm und die Luft, die über die Nordsee strömt, möglichst kalt. Auf diese Weise bildet sich über dem Meer Nebel. Zusätzlich ist ein Sturm wichtig, der das Wasser der Nordsee in Richtung Küste peitscht und große Wellen auftürmt.

Dabei entsteht die Gischt. Das salzige Meerwasser wird dabei von den Kämmen der Wellenberge gerissen, und die feinen Wassertröpfchen mischen sich mit der Luft.

Wenn diese salzige Nebelluft auf Land trifft, dann setzen sich die Nebeltröpfchen überall ab. Egal, ob es sich um Tannennadeln, Blätter oder Stromleitungen handelt. Und genau an diesen Stromleitungen wird der Salznebel zum Problem.

Salziges Wasser leitet Strom. Ich ahne das Problem. Das salzige Wasser überbrückt auch die Isolierungen. So entsteht eine Stromverbindung zwischen der Stromleitung und dem Strommast, was zum Kurzschluss führt.

… und damit im Oktober 2017 für den Ausfall von Bahnverbindungen sorgte und für Ausfälle in der Stromversorgung.

Ab wann spricht man eigentlich von Nebel? Wie niedrig muss die Sichtweite sein?

Alle Sichtweisen unter einem Kilometer Entfernung bezeichnen wir als Nebel. Bei dieser Entfernung kann

Neuhaus •

Rekord +++ Längster Nebel am Stück in Deutschland, Neuhaus/Rennweg (Thüringen), 242 Stunden, beobachtet ab dem 7. Mai 1996 auf 850 m Höhe +++

Nebel war schon immer in der Geschichte ein Element der Mystik und der Gefahr. Wer weiß, ob der Weg sicher ist und was sich hinter der nächsten Wegbiegung im Nebel versteckt hält?

man aber noch recht gut sehen. Für Kapitäne, deren große Schiffe Bremswege von vielen Kilometern haben, ist das aber schon sehr wenig. Für Autofahrer wird Nebel auf Landstraßen und Autobahnen gefährlich, wenn die Sicht unter 500 Metern beträgt.

Bodennebel schmiegt sich über die Hügellandschaft. In windstillen und klaren Nächten kühlt die Luft aus. Dort, wo die Feuchtigkeit hoch und die Temperatur besonders gering ist, bildet sich Bodennebel. Besonders oft ist diese Nebelform auf Wiesen in Mulden anzutreffen. Führt eine Straße hindurch, ist Vorsicht geboten. Der Nebel kann sich bei Frost als Reifglätte absetzen und die Sicht schlagartig auf unter 50 m reduzieren.

Dass Salznebel wirklich den Bahnverkehr zum Erliegen bringen kann, siehst du hier:
https://www.youtube.com/watch?v=5yqzumKEX7s

Gefrierenden Nebel, der die Landschaft in eine unglaubliche Eiswelt verwandelt, kannst du hier sehen:
https://www.youtube.com/watch?v=8DTffZtrRV8

Nebel geht ja oft mit Windstille einher. Dass Wetterlagen ohne Wind ganz schon dramatisch sein können, erfährst du auf Seite 122.

Ich bin für mehr Wind. Über die stärksten Stürme erfährst du etwas ab Seite 16. ■

REGEN

Rekord +++ Höchster Tagesniederschlag in Deutschland,
Zinnwald (Erzgebirge, Sachsen), 312 mm, vom 12. auf den
13. August 2002 (8:00 bis
8:00 Uhr Mitteleuropäische
Sommerzeit (MESZ).
Die heftigen Niederschläge
wurden durch ein Tiefdruckgebiet verursacht, welches
warme und feuchte Luft aus
dem Mittelmeerraum heran-
führte. Die starken Niederschläge führten zum Elbe-
hochwasser mit zahlreichen
Deichbrüchen. +++

Viel Regen in kurzer Zeit führt dazu, dass sich das Wasser Wege sucht, die wir Menschen dafür nicht vorgesehen haben. Mit heftigem Regen steigt die Gefahr von Hochwasser, Überschwemmungen, Erdrutschen und Schlammlawinen.

163

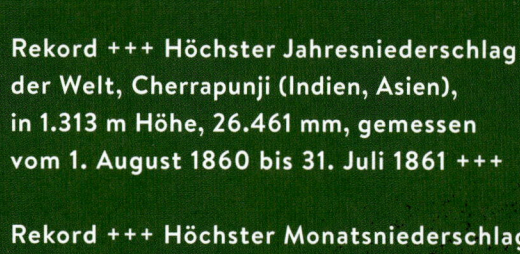

Rekord +++ Höchster Jahresniederschlag der Welt, Cherrapunji (Indien, Asien), in 1.313 m Höhe, 26.461 mm, gemessen vom 1. August 1860 bis 31. Juli 1861 +++

Rekord +++ Höchster Monatsniederschlag der Welt, Cherrapunji (Indien, Asien), in 1.313 m Höhe, 9.299,96 mm, gemessen im Juli, 31. Juli 1861 +++

REGEN

DIE LEBENDEN BRÜCKEN VON CHERRAPUNJI

Die tropischen Regenwälder tragen in ihrem Namen eine Form des extremen Wetters schon mit sich: den Regen. Der nasseste Ort der Erde ist ohne Frage ein Ort in den Tropen.

Auf jeden Fall. Der Ort heißt Cherrapunji und liegt im Nordosten Indiens am Fuße des Himalajas auf 1.313 Metern Höhe. Vom 1. August 1860 bis zum 31. Juli 1861 regneten hier 26.461 Liter Wasser auf jeden Quadratmeter. Das entspricht einer Wassersäule von über 26 Metern. Zum Vergleich: Als nassester Ort in Deutschland brachte es Balderschwang im Allgäu 1970 auf einen Jahresniederschlag von 3.503 Litern pro Quadratmeter.

• Cherrapunji

Das Bild zeigt die lebenden Brücken von Cherrapunji.

26.461 ist eine gewaltige Zahl. In Hamburg fallen im ganzen Dezember normalerweise 72 Liter Niederschlag pro Quadratmeter. Das bedeutet, dass diese Menge in Cherrapunji an jedem Tag des Jahres aus den Wolken gefallen ist! Unglaublich.

Da kann man nicht mal eben nach draußen gehen, um in der Sonne zu spielen. Morgens auf dem Schulweg schüttet es. In der Pause regnet es aus Kübeln. Auf dem Heimweg prasselt es auf deinen Schirm. Und nachmittags, wenn du Fußball spielen willst, pladdern die Tropfen wie eine aufgedrehte Dusche auf den überschwemmten Platz.

Klingt nach einem Ort, wo man nicht so richtig gerne leben möchte. Der Alltag sieht da schon sehr anders aus als bei uns.

Wohl wahr. Aber der Regen fällt nicht gleichmäßig über das Jahr verteilt. Von November bis Februar fallen im Mittel insgesamt nur 113 Liter Regen pro Quadratmeter und damit die Hälfte dessen, was aus den Wolken bei uns herauskommt. Die 12.000 Menschen im Ort wissen mit dem Wetter ganz gut zu leben. Und sie sind sogar ein wenig stolz auf die beiden Einträge im Guinnessbuch der Rekorde. Einen Eintrag gab es für den höchsten Jahresniederschlag und einen zweiten für den Juli 1861. Britische Beamte haben damals an der Wetterstation einen Monatsniederschlag von 9.299,96 Litern pro Quadratmeter registriert. Die Menschen haben sich am nassesten Ort der Erde etwas einfallen lassen, damit in den Überschwemmungszeiten die Brücken nicht zerstört werden: Sie konstruieren die Brücken aus den lebenden (!) Wurzeln der Gummibäume. Diese können auch über der Erde wachsen. Beim Neubau werden die feinen Fäden der jungen Wurzeln in Bambusrohre gesteckt, damit sie im Dunkeln den richtigen Weg über die Brücke finden. Nach vielen Jahren des Wachstums sind die Brücken stabiler als jede andere Konstruktion. Sie können Jahrhunderte halten und wachsen nach, sollten sie doch mal beschädigt werden.

Geniale Idee! Die meisten Niederschläge bringt in dieser Region der Monsun. Zu Beginn des Sommers steht die Sonne hoch am Himmel. Mit steigendem Sonnenstand zieht ein Gebiet vom Indischen Ozean heran, in dem die starke Sonnenstrahlung viel Wasser verdunstet und große Wolken bildet. Diese Zone heißt Innertropische Konvergenz, kurz ITC. Konvergenz bedeutet »Zusammenströmen«. Genau das passiert in der ITC. Die Sonne erwärmt diese Region besonders stark, die Luft steigt auf, und von Süden und Norden her strömen die Luftmassen in diesen Streifen hinein, der quer über den Indischen Ozean verläuft und mit dem Sonnenstand im Sommer nach Norden wandert.

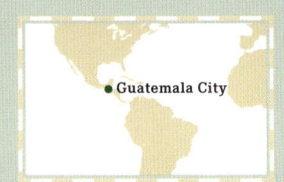

Guatemala City

Extremes Ereignis +++ Anfang Juni 2010 zog der tropische Sturm Agatha über Guatemala City hinweg. Die massiven Regenfälle weichten den Boden über einem Höhlenraum auf, und am 2. Juni stürzte der Höhlenraum ein. Ein riesiges Loch entstand, ein sogenanntes Sinkhole. Bereits im April 2007 war in der Umgebung ein solches Loch entstanden. Drei Menschen kamen bei dem Einsturz ums Leben. +.++

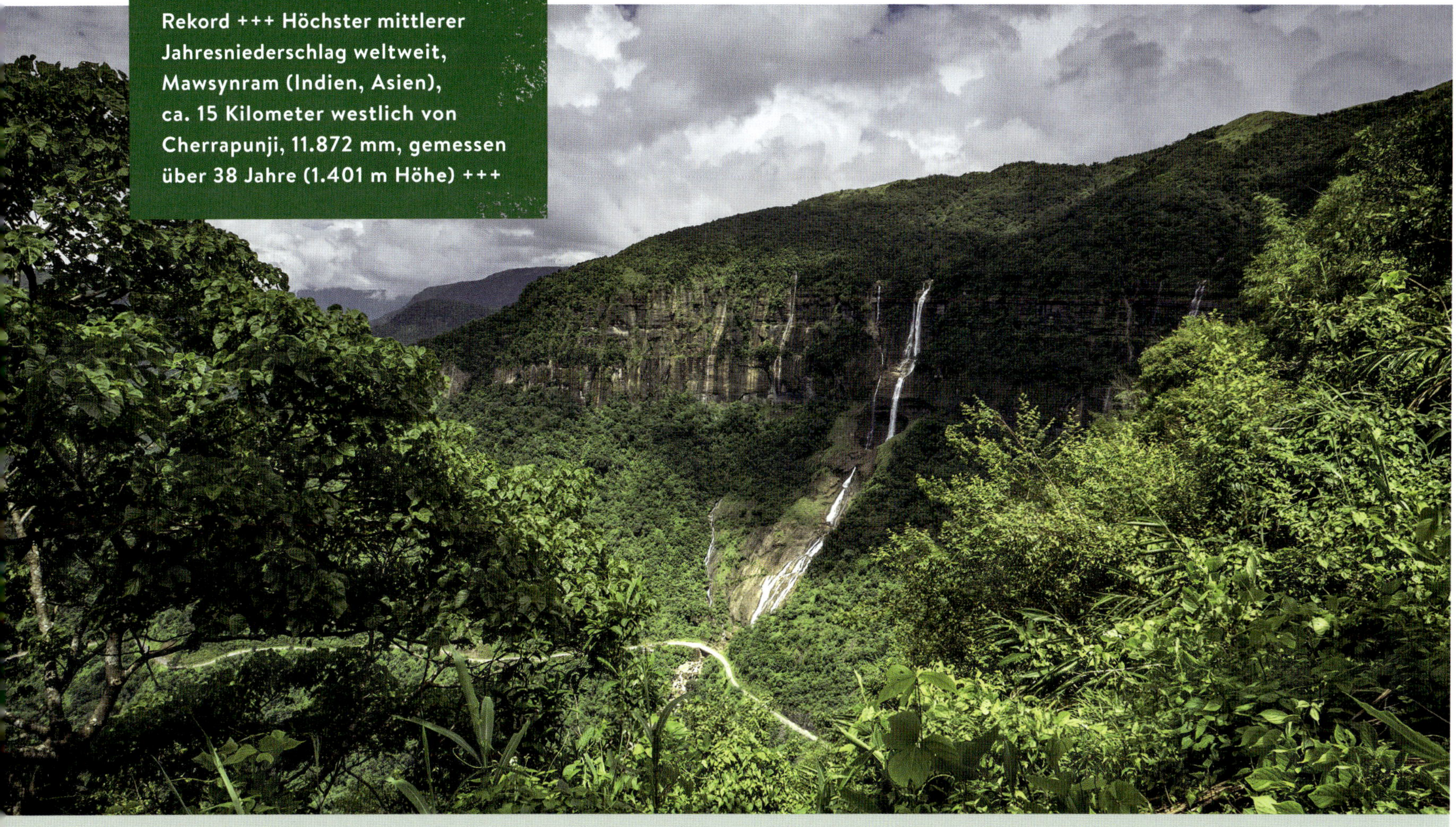

Es mag überraschen: Aber an diesem nassen Ort gibt es Wassermangel. Das viele Wasser spült die Böden weg, vor allem dort, wo Urwald zu Ackerland wurde. In den trockenen Monaten müssen die Einwohner von Cherrapunji und Mawsynram weit laufen, um Trinkwasser zu bekommen. Die in der Regenzeit überbordenden Bäche fallen teilweise trocken. Das Bild zeigt den Regenwald Cherrapunjis mit einem der vielen Wasserfälle inmitten der Khasi-Berge, an denen sich der Monsun abregnet.

● Balderschwang

Erreicht die ITC Indien, beginnt dort der Monsun, der sich immer weiter nach Norden voranarbeitet, bis er den Himalaja erreicht. Und wenn das passiert, weht der Wind von Süden her die Berge hinauf, und die Regenfälle werden noch heftiger. Cherrapunji liegt am Wendepunkt des Monsuns. Mit dem heranziehenden Südwestmonsun durch den Golf von Bengalen beginnt es im Juni zu regnen. Drei bis vier Monate regnet es durchgehend, ehe sich im September der beginnende Nordostmonsun wieder auf den Weg nach Süden macht. Ein paar Tausend Kilometer weiter südlich liegt Colombo, die Hauptstadt der Insel Sri Lanka. Hier kommt der Südwestmonsun vom Indischen Ozean aus im Mai an und sorgt für heftigen Regen. Dann wird es wieder trockener, und im Oktober kommt der Monsun dann von Nordosten her zurück.

Hier gibt es also zwei Regenzeiten. Die Flüsse und Bäche haben sich in den vielen Millionen Jahren wohl längst den Regenmengen angepasst. Schlimmer ist es ja, wenn starker Regen auftritt, und das in Gebieten, wo es eher unüblich ist. Das ist übrigens auch der Grund, warum in den Wüsten mehr Menschen ertrinken als verdursten. Mit der Trockenheit haben die Menschen gelernt zu leben, mit plötzlich auftretendem heftigem Regen eher nicht. Im Juli 2010 erreichte der Monsun Gebiete im Norden Pakistans, die er sonst nie erreicht. 400.000 Menschen wurden bei den schlimmsten Regenfällen seit 80 Jahren obdachlos, über 1.500 Menschen starben. Die Zahl der Opfer durch Überschwemmungen infolge starker Regenfälle ist größer als bei jedem anderen Wetterereignis.

Extremes Ereignis +++ Bei besonders starken Regenfällen sucht sich das Wasser seinen Weg. Die Kanalisation wird so schnell geflutet, dass das Wasser an tiefer gelegenen Stellen aus Gullys sprudeln kann. Dabei können die Gullydeckel von den Wassermassen angehoben werden. Im trüben Wasser sieht man die Gefahr nicht und kann hineinfallen. So ist es einer Frau am 29. Juni 2017 in Berlin bei einem heftigen Sturzregen ergangen. Sie fiel in einen offenen Gully, konnte sich aber retten. +++

Berlin •

Rekord +++ Höchster Monatsniederschlag in Deutschland, Stein (Kreis Rosenheim, Bayern), 778,5 mm, Juli 1954 +++

Extremes Ereignis +++ Besonders heftige Starkregenereignisse können binnen Minuten Flüsse und Bäche über die Ufer treten lassen. Eine Flash Flood entsteht. Straßen verwandeln sich in reißende Ströme. Bereits ab 40 Zentimeter Wassertiefe beginnen Autos aufzuschwimmen und werden nicht mehr steuerbar abgetrieben. Das Bild zeigt einen Taucher, wie er bei einer Flash Flood in Olympos, Türkei, versucht, einen Fahrer aus einem Auto zu retten. +++

● Olympos

Wasser ist gefährlich, vor allem, wenn man nicht schwimmen kann und das Wasser so hoch steigt, dass eine Flucht in höher gelegene Regionen nicht mehr möglich ist.

Das ist eine Ursache. Hinzu kommt, dass Wasser eine enorme Kraft hat. Selbst kleine Bäche können einen bei starker Strömung mitreißen. Niemals darf man bei starkem Regen durch einen überfluteten Fluss gehen. Am 29. Juni 2017 wollte eine Frau in Berlin eine überflutete Straße überqueren und ist in einen offenen Gully gefallen. Wir haben diesen Film herausgesucht. Sie konnte sich retten, aber es zeigt sich, wie gefährlich trübes Wasser ist, auch in der Stadt. Gullydeckel können zur Seite gedrückt werden, wenn das Wasser von unten kommt. Das kann auch auf dem Fischmarkt in Hamburg passieren, wenn es eine schwere Sturmflut gibt.

Nach starken Regenfällen steigt das Wasser in Bächen und Flüssen manchmal in sehr kurzer Zeit an. Ein kleiner Bach kann binnen Minuten zum reißenden und unüberwindbaren Strom werden. Deshalb sollte man im Sommer bei Gewitterlagen nicht am Ufer eines Baches zelten. Vor allem in den Bergen

kann das lebensgefährlich sein. Wir haben einen Film herausgesucht, der zeigt, wie eine sogenannte Flash Flood, also ein schlagartig kommendes Hochwasser, auf einer Landstraße den Autofahrern entgegenkommt. Binnen 90 Sekunden steht die Straße unter Wasser, und die Autos kommen einem entgegengeschwommen, ohne dass die Fahrer eine Chance haben, das Fahrzeug zu steuern. Bereits bei 40 Zentimeter tiefem Wasser schwimmt ein Auto auf.

Deshalb sollte man mit dem Auto auch nicht durch Unterführungen fahren, die nach einem Gewitter vollgelaufen sind. Was kann denn in einer Stunde so aus den Wolken herauskommen? Den stärksten Regen binnen einer Stunde gab es am 22. Juni 1947 in Holt im USA-Bundesstaat Missouri. Damals fielen 304,8 Millimeter Niederschlag.

Was ist eigentlich der Unterschied zwischen Millimeter Niederschlag und Liter pro Quadratmeter? Es gibt keinen Unterschied, was die Zahl angeht. Wenn du einen Liter Wasser auf einen Quadratmeter auskippst, dann steht das Wasser dort einen Millimeter hoch.

In diesem Film siehst du, wie es in Cherrapunji, am nassesten Ort der Erde, aussieht.
https://www.prosieben.de/tv/galileo/videos/2015-extreme-orte-cherrapunji-clip

Eine Frau fällt in einen Gully, als sie bei einem Starkregen in Berlin versucht, die überschwemmte Straße zu überqueren.
https://www.youtube.com/watch?v=nF6Ju1hyaDk

Eine Flash Flood kann binnen 90 Sekunden Autos zum Schwimmen bringen.
https://www.youtube.com/watch?v=9o7DNIgyLaU

So viel Regen ist mir zu nass. Ich liebe Schnee, und den gibt es reichlich ab Seite 204.

Regen gibt es viel bei heftigen Gewittern, und diese bringen viele Blitze hervor. Wo du die meisten Blitze auf der Erde findest, kannst du ab Seite 70 lesen. ■

Extremes Ereignis +++ Im Sommer 2013 kam es in Deutschland zu einem der folgenschwersten Hochwasser. Den höchsten Niederschlagswert verzeichnete der Ort Aschau in Bayern. Hier fielen binnen vier Tagen 403,6 mm Regen, gemessen vom 30. Mai, 12:00 Uhr bis 3. Juni, 12:00 Uhr. In sieben Ländern kam es zu schweren Überflutungen, bei denen 25 Menschen starben. Das Foto zeigt einen gewaltigen Deichbruch der Elbe bei Fischbeck am 16. Juni 2013.
Mit Schiffen versuchte man damals das Loch zu stopfen. Die Kräfte des Wassers waren jedoch stärker. +++

● Fischbeck

Der Übergang von den feinsten Wolkentröpf-
chen über Nieselregen bis hin zum Platzregen
ist im wörtlichen Sinne fließend. Ebenso verhält
es sich bei den Regenmengen. Von einem
einzigen Tropfen bis hin zur schier unendlich
erscheinenden Menge an Regentropfen eines
Dauerregens ist alles möglich. Dieser Schauer
liegt bei alldem ungefähr in der Mitte.

EISREGEN

Extremes Ereignis +++
Während der Eisregen auf
den Straßen und Wegen
extrem gefährlich ist,
kann er an anderer Stelle
eine Welt schaffen, die
aus Tausenden glitzernden
Kronleuchtern besteht. +++

EISREGEN
BRECHENDE BÄUME AUS GLAS

Wann, würdest du sagen, kann dich eine Eisdecke auf einem See sicher tragen?

Mich mit 10, dich bei 15 Zentimetern.

Sehr witzig. Aber wahrscheinlich hast du – leider – recht. Größere Seen ohne Strömung sind für Erwachsene sicher zu betreten, wenn die Eisdecke überall 15 Zentimeter dick ist. Jetzt stell dir diese dicke Eisschicht auf Bäumen, Straßen und an Strommasten vor.

Das Gewicht bricht natürlich alle Zweige von den Bäumen und ziemlich sicher auch viele dicke Äste. Eine solche Last kann ganze Bäume zum Umstürzen bringen und Strommasten wie Salzstangen brechen lassen.

Das Brechen der Bäume hört sich an, als würde Glas zerspringen. Weht der Wind durch die klirrenden Zweige, dann ist das lauter als das Anstoßen der Sektgläser auf einem großen Fest. Die größten Eisregenereignisse können nicht nur Bäume zum Klirren bringen. Ganze Landstriche können von der Außenwelt abgeschnitten werden. Das schlimmste Ereignis bisher hat ebendieses vollbracht.

Wann war das?

Der stärkste Eisregen dürfte sich nach meinen Recherchen vom 29. auf den 30. Dezember 1942 im US-Bundesstaat New York ereignet haben. Dieser Bundesstaat liegt im Nordosten der Vereinigten Staaten und erstreckt sich von der Stadt New York bis an die kanadische Grenze. Schon seit einigen Tagen lag dieses Gebiet genau an der Grenze polarer Winterluft im Norden und milder Luftmassen im Süden. Im raschen Wechsel setzte sich mal die mildere Luft mit Regen durch, dann wieder Kaltluft mit Schnee.

Was passierte dann?

Am 29. Dezember meldeten immer mehr Wetterstationen Nordostwind. Die Frostluft arbeitete sich südwestwärts voran. In 1.000 bis 2.000 Metern Höhe schob sich allerdings gleichzeitig warme Luft vom Atlantik kommend über die Frostluft in den tieferen Luftschichten. Diese Warmluft war bis zu 10 Grad warm.

Weil Warmluft leichter ist als Kaltluft, stieg diese sehr rasch auf, was bei diesen Temperaturunterschieden zu kräftigen Niederschlägen geführt haben dürfte.

Und diese heftigen Niederschläge fielen als Schnee, Eiskörner, gefrierender Regen und Regen.

Solange die Luftsäule über dir durchgehend kälter ist als null Grad, fällt Schnee. Ist die Luft zwischendurch für kurze Zeit wärmer als null Grad und der Schnee taut zu Regen, dann können die Tropfen beim Weiterflug wieder zu Eiskörnern gefrieren, wenn sie durch einige Hundert Meter Frostluft fallen. Wenn Schnee in solche Eiskörner übergeht und das Thermometer zeigt Werte unter null Grad, dann muss man mit Eisregen rechnen. Dieser entsteht, wenn die Frostluft über dem Boden nur noch wenige Hundert Meter dick ist. Die Tropfen können dabei sogar auf Temperaturen knapp unter null Grad abkühlen. Die Bewegung hält sie flüssig, und fehlen Gegenstände, können die Tropfen nicht gefrieren. Treffen diese unterkühlten Tropfen dann auf den gefrorenen Boden, gefrieren sie blitzschnell.

Die Folge ist Blitzeis. Eine solche Wetterlage ist für Autofahrer, Fahrradfahrer und Fußgänger gleichermaßen extrem gefährlich, weil man einfach überhaupt keine Kontrolle hat.

Rekord +++ Dickste Eisschicht nach Eisregen, Bundesstaat New York (USA), 15 cm Eisdecke, gemessen am 30. Dezember 1942 +++

New York

Nicht nur das. Die Last des Eises kann reihenweise Stromleitungen umreißen und zu großflächigen Stromausfällen führen. Gerade im Nordosten der Vereinigten Staaten von Amerika entwickelt sich alle 20 Jahre eine Wetterlage, die zu Eisschichten führt, die dicker sind als 5 Zentimeter. Und schon ein Millimeter lässt den Verkehr zusammenbrechen.

Gab es so etwas bei uns in Deutschland auch schon?

Im Münsterland kam es am 25. November 2005 zu einer Wetterlage, bei der auch zahlreiche große Strommasten umstürzten. Damals war nasser Schnee bei Temperaturen um null Grad dafür verantwortlich. Der nasse Schnee blieb an den Überleitungen kleben, und bei den Temperaturen um den Gefrierpunkt herum wurde der Schnee fester. Das Eis-Schnee-Gemisch klebte so schwer an den Leitungen, dass diese zusammenbrachen und mit ihnen die Stromversorgung.

Wie kann man einen Rekord beim Eisregen eigentlich feststellen? Wie misst man die Eisdicke?

Das ist gar nicht so einfach. Deshalb kursieren auch immer wieder viel höhere Zahlen. In vielen Listen taucht ein Ereignis im US-Bundesstaat Alabama vom 2. Februar 1985 auf. Damals soll das Eis etwa 28 Zentimeter dick gewesen sein. Doch bei diesem Ereignis waren alle Straßen »wegen starkem Schneefall, Eisregen und Eissturm« geschlossen, so vermeldeten es der Wetterdienst. Hier sind womöglich mehrere Niederschlagsarten zusammengekommen, und die Eisdecke auf dem Schnee war womöglich viel dünner. In anderen Fällen soll dichter Eisnebel geherrscht haben. Es gibt auch immer wieder Diskussionen darüber, ob man den Durchmesser oder den Radius einer Eishülle um einen Zweig herum messen soll. Was würdest du sagen, was richtig ist?

Mmh, ich denke, dass ein Zweig sich überhaupt nicht für eine Messung eignet. Da ist ja keiner wie der andere, wie soll man das vergleichen?

Wohl wahr. Am verlässlichsten ist die Messung auf einer Rasenfläche in gleicher Weise, wie die Schneedecke gemessen wird.

Extremes Ereignis +++ Ein Hubschrauber fliegt am Montag, dem 29. Januar 2005, über umgeknickte Strommasten auf einem Feld bei Laer in der Nähe von Münster. 50 Hochspannungsmasten im Münsterland waren nach starken Schneefällen eingeknickt oder nicht mehr funktionstüchtig. Nasser Schnee und gefrierender Regen waren an den Stromleitungen gefroren und hatten das Gewicht der Leitungen so stark erhöht, dass diese die Masten in die Tiefe zogen. 65.000 Menschen waren ohne Strom. +++

Laer

Altes Land

Künstlicher Eisregen: Wenn es im Frühling nach Beginn der Obstblüte noch einmal Nachtfrost gibt, dann besprühen viele Bauern ihre Blüten mit Wasser. Beim Gefrieren wird Wärme frei, gerade so viel, dass die Blüten nicht erfrieren.

Im Alten Land bei Hamburg werden Apfelblüten im Frühjahr absichtlich bei Frost beregnet, damit sich ein Eispanzer um die Blüten bildet. Das hat einen einfachen Grund. In dem Moment, wo Wasser gefriert, wird Wärme frei. Nur wenig Wärme zwar, aber genug, dass die Temperatur um die Blüten herum nicht weit unter null Grad sinkt. Auf diese Weise schützen die Bauern die Blüten vor dem Erfrieren und sichern sich die Ernte.

Ein toller Trick, der die Kräfte der Physik nutzt. Und wenn schon ein Eisregen die Straßen in Rutschbahnen verwandelt und der Strom ausfällt, so glitzert die Eislandschaft doch zumindest herrlich in der Sonne.

Sofern sie sich nach dem Eisregen zeigt. ☺

Einer der größten Eisstürme erfasste die US-Bundesstaaten Arkansas und Oklahoma im Jahr 2009. Dieser Film zeigt eindrucksvoll, wie der Regen bei Frost gefriert.
https://www.youtube.com/watch?v=FUSoqm-HoYE

Dieses Video zeigt, wie man sich vor Eisregen schützen kann.
https://www.youtube.com/watch?v=NG3TLefivCE

Eis kann auch in Form von großen Bällen aus den Wolken fallen. Die größten Eiskörner findest du ab Seite 82.

Was Eis sonst noch anrichten kann, wenn es vom See aus an Land kommt, liest du ab Seite 198. ■

KÄLTE

Der Jökulsárlón-Eis-Strand liegt im Südosten Islands. In die Lagune kalbt ein Gletscher, dessen sich lösende Eisbrocken als Eisberge bis zu 15 Meter hochragend durch die Lagune dümpeln. Am Strand liegen häufig rund geschliffene Eisbrocken wie überdimensionale Eiswürfel eines noch größeren Kaltgetränks. Das Eis der Gletscher ist übrigens deshalb blau, weil die Luft zum großen Teil entwichen ist und das so kompakte Eis, ähnlich wie Wasser, den blauen Anteil des Lichtes absorbiert.

● Jökulsárlón

KÄLTE

WIE MAN KOCHENDES WASSER IN EISKRISTALLE VERWANDELT

Der kälteste Ort der Welt liegt in der Antarktis. Diese größte Eisfläche der Erde ist bis zu 4.000 Meter hoch, sodass neben der geografischen Lage auch die Höhe für extrem niedrige Temperaturen sorgt. Inmitten dieser Eiswüste liegt die russische Forschungsstation Wostok, etwa auf halber Strecke zwischen dem Indischen Ozean und dem Südpol. Seit die Station am 16. Dezember 1957 eröffnet wurde, war klar, sie liegt an einem der kältesten und unzugänglichsten Orte der Erde. Nur mit dem Flugzeug kann die An- und Abreise erfolgen. Im antarktischen Hochsommer liegen die Tageshöchstwerte im Mittel bei lauschigen -27,1 Grad. Im August, wenn dort unten ewige Nacht herrscht, sinken die Temperaturen nachts im Mittel auf -71,6 Grad. Das ist der Mittelwert!

Das ist arschkalt! Und doch arbeiten dort Menschen und gehen ja sicher auch ab und zu mal ins Freie.

Wostok-Station

Magischer Moment +++ Wasser gibt es in flüssiger Form, als Eis und als Wasserdampf. Wie man auf dem Bild gut sehen kann, verdampft das Wasser. Wasser wird unter dem Gefrierpunkt von null Grad Celsius zu Eis. Und bei normalem Luftdruck (1.013 hPa) verdampft alles Wasser am Siedepunkt von 100° C. Doch sind sowohl der Gefrierpunkt als auch der Siedepunkt abhängig vom Luftdruck. Hoch oben auf der Zugspitze kocht Wasser bereits bei 90° C, auf dem Mount Everest schon bei 70° C. Dort oben beträgt der Luftdruck nur noch rund 300 hPa. Sinkt der Luftdruck noch weiter, dann sinkt der Siedepunkt. Erreicht der Luftdruck 6 hPa, dann kocht Wasser bei 0,01° C, genau der Temperatur, bei der es auch als Eis vorliegen kann. Dieser Moment wird Tripelpunkt genannt. Wasser kann dann sowohl fest als auch flüssig oder gasförmig sein. +++

Rekord +++ Tiefste jemals auf der Erde gemessene Lufttemperatur, Forschungsstation Wostok (Antarktis), -89,2° C, gemessen am 21. Juli 1983 (3.420 m Höhe) +++

Rekord +++ Tiefste jemals auf der Erde gemessene Jahresmitteltemperatur, Forschungsstation Wostok (Antarktis), -55,1° C, gemessen von 1961–1990 (3.420 m Höhe) +++

Rekord +++ Tiefste jemals mit einem Satelliten gemessene Temperatur auf der Erde, Dome A (560 km von der Forschungsstation Wostok entfernt, Ostantarktis), -93,2° C, gemessen am 10. August 2010 (4.091 m Höhe) +++

Das Foto zeigt die russische Forschungsstation Wostok am Südpol. Die Spuren der Schneeschieber zeigen, dass unaufhörlich daran gearbeitet werden muss, die Station vor dem Untergang in Schneewehen zu schützen. An den Schneewehen kann man die vorherrschende Windrichtung am 27. November 2013 erkennen, als dieses Foto aufgenommen worden ist.

Eisige Kälte findet man in Polargebieten und auf Bergen. Das Bild zeigt die eingefrorene polnische Wetterstation auf der 1.603 Meter hohen Schneekoppe, dem höchsten Punkt im Riesengebirge. Nebel hat sich als dicke Reifschicht auf dem Gebäude abgesetzt.

Das schon, aber bei diesen Temperaturen besteht höchste Gefahr von Erfrierungen. Mit solchen Temperaturen ist nicht zu scherzen. Haut darf nicht offen diesem Frost ausgesetzt werden. Die Augen muss man mit Brillen schützen. Eine solche Kälte beißt.

Wostok ist der kälteste Ort der Erde. Die Forscher müssen schon gestaunt haben, als sie am 21. Juli 1983 die Werte ablasen: -89,2 Grad. Ein neuer Rekord am Kältepol der Erde. An solchen Werte sieht man, dass unser Planet schon extrem kalt werden kann.

Ich ahne es. Woran arbeiten die Forscher dort?
Die Wetterbeobachtung ist eine laufende Aufgabe. Interessant sind aber auch die Blicke ins Eis. Die Station liegt 3.420 Meter über dem Meeresspiegel auf einem dicken Gletscher. Dieser wächst nur sehr langsam. In Wostok fallen gerade einmal 20 Zentimeter Schnee im Jahr. Das ist weniger als die Hälfte des Niederschlages, der im Death Valley, am heißesten Wüstenort der Erde, fällt. Aber unter der eisigen Oberfläche ist ein Schatz verborgen. Ein internationales Forscherteam hat hier den Eispanzer angebohrt und lange Stangen aus Eis aus dem Boden geholt.

Dabei handelt es sich um Eisbohrkerne. Sie sind eines der wichtigsten Archive unseres Weltklimas. Durch das Gewicht wird der gefallene Schnee immer weiter zusammengepresst. Aus den Schneeflocken wird Eis. Nach ein paar Metern hat man also Eis vor sich, das schon zehn Jahre alt sein kann. Hundert Meter lange Eissäulen lassen einen Blick auf viele Tausend Jahre zu.

Auf diese Weise konnte man in Wostok 420.000 Jahre in die Vergangenheit schauen. Im Eis sind dabei auch die Luftbläschen dieser Zeit eingeschlossen. Beim Schmelzen kann man diese Luft untersuchen und beispielsweise feststellen, wie viel CO_2 in der Atmosphäre war und ob vielleicht Pollen durch die Luft flogen.

Auf diese Weise haben die Wissenschaftler auch Spuren von Vulkanausbrüchen gefunden, bei denen die feinen Aschepartikel ihren Weg in die Schneeflocken der Antarktis gefunden haben. Durch diese Eiskerne wissen wir wohl recht genau darüber Bescheid, wie sich das Klima der Erde geändert hat? Natürlich nicht nur durch die Eiskerne. Auch Bohrungen in den Ablagerungen der Ozeane oder von Seen sind da hilfreich. Baumringe und sogar Tropfsteine in Höhlen legen Zeugnis über das Klima der Erdgeschichte ab.

Wenn es an dieser Station fast -90 Grad kalt war, dann könnte es schon sein, dass es irgendwo in der Nähe, in einer Senke, vielleicht noch kälter war, oder? Nur gibt es dort keine Wetterstation. Wie sicher ist dann so ein Rekordwert?

Das ist unvorstellbar kalt. Man kann das Empfinden dieser Temperaturen nicht einmal ahnen. Schon bei 5 Grad über null ziehen viele Menschen Handschuhe an, bei null Grad den dicken Schal, und bei -10 Grad muss man sich richtig einmummeln, damit man draußen nicht erfriert. Du ahnst, wie weit es von hier aus noch bis zum Weltrekord ist. Mal zum Vergleich: Die tiefste jemals in Deutschland gemessene Temperatur betrug -37,8 Grad, gemessen im niederbayerischen Hüll am 12. Februar 1929.

Lang anhaltender strenger Frost kann dazu führen, dass Wasserfälle komplett durchfrieren. Es bilden sich dabei faszinierende Eisskulpturen. Eisklettern ist in einigen Regionen ein beliebter Sport, doch ist das Eis viel brüchiger als Fels, und so kommt es immer wieder zu schweren Unfällen durch Abstürze.

Extremes Ereignis +++ Der Halo um die Sonne drängt sich auf. Er entsteht durch die Brechung des Sonnenlichtes an den Eiswolken. Interessanter, jedoch unscheinbarer sind die winzigen Eisnadeln, die bei Temperaturen unter -15 Grad und Windstille aus wolkenlosem Himmel rieseln. Diamantstaub wird dieser feine Schnee genannt. Wenn die Luft sich zum frühen Morgen hin extrem abkühlt, dann können diese feinen Eiskristalle direkt aus dem Wasserdampf der Luft entstehen. Diese Verwandlung von Gas in den festen Zustand nennt man Resublimation. +++

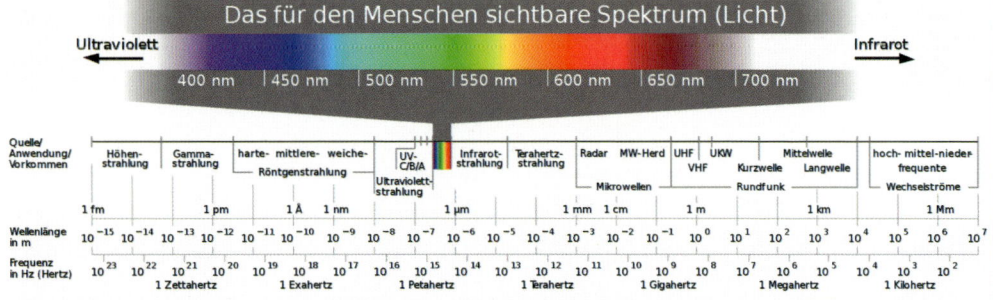

Unsere Welt besteht aus Wellen. Einige Wellen erkennen wir sofort, wie jene, die der Wind auf den Ozeanen auftürmt. Jede Welle transportiert Energie. Und für einige dieser Wellen haben wir Sinnesorgane. Für die sichtbaren Wellen des Lichts haben wir unsere Augen. Für die Wärmewellen haben wir unsere Haut. Ein Feuer strahlt Wellen im Licht- und Wärmebereich ab. Andere Wellen sind für uns unsichtbar. Würden wir Röntgenstrahlen sehen können, wir Menschen wären durchsichtig. Je dichter Atome zusammengepresst werden, umso mehr Wellen sind mit Energie unterwegs. Fehlen Atome, fehlen auch die Wellen, und es ist bitterkalt. Ohne Atome läge die Temperatur bei -273,15° C. Das ist der nie erreichbare absolute Nullpunkt, der auch als 0 Kelvin bezeichnet wird, eine Temperatureinheit, die bei diesem Punkt beginnt.

Das ist in der Tat nicht ganz einfach. Alle Rekordwerte von Wetterstationen können immer nur einen kleinen Ausschnitt zeigen und einen Anhaltspunkt liefern. Wir können nie sicher sein, dass es nicht ein paar Kilometer weiter nasser, windiger oder kälter war. Aber dafür hat es sich gelohnt, Satelliten in den Weltraum zu schicken. Satelliten können viel mehr, als nur Wolken fotografieren. Sie sind auch in der Lage, Gase zu erkennen, können Meersalz in der Luft von Abgasen unterscheiden und messen die Oberflächentemperatur von Ozean und Landfläche. Bei dieser Fernerkundung können sie also überall dorthin schauen, wo es keine Wetterstation gibt, die eine Temperaturmessung vornehmen kann.

Gemessen wird also die Wärmestrahlung?
Ganz genau. Das ist der sogenannte Infrarotbereich. Du kennst ja die sichtbaren Farben des Lichts und die Mikrowellen in der Küche. Beides sind Wellen, wie auf dem Meer.

Anhaltender Dauerfrost hat den Minnehaha-Wasserfall in Minneapolis (US-Bundesstaat Minnesota) zu Eis erstarren lassen. Hinter dem Wasserfall hat man im Winter die Möglichkeit, den Eisfall zu besichtigen.

Minnehaha

Radiosignale gehören auch zur Gruppe der Wellen.

Einige Wellen haben eine Länge, die genau zu unseren Augen passt, weshalb wir die Farben des Lichts sehen können. Wir sehen dabei nicht die Welle, sondern nur die Information, die mit ihr gesendet wird, so zum Beispiel die Farbe Gelb. Und je mehr Wellen uns erreichen, desto stärker leuchtet das Gelb. Es gibt Wellen, die sind nur ein wenig länger als das sichtbare Licht, so, als seien sie etwas auseinandergezogen.

In diesem Bereich nennen wir sie Infrarotwellen. Diese Infrarotwellen tragen die Temperatur eines Gegenstandes als Information.

Feuer im Kamin gibt also gleichzeitig Wellen von Licht und Wellen der Wärme ab. Du kannst die Wärmewellen nicht sehen, aber spüren. Und vor dem Kamin gibt es sehr viele von ihnen.

Das fühlt sich dann sehr heiß an. Satelliten haben also Messgeräte an Bord, die nicht nur das sichtbare Licht registrieren, sondern auch die Wärmestrahlung erfassen. Das bedeutet, dass man genau sehen kann, wo es besonders kalt oder warm ist. So könnte man den kältesten Ort der Erde vom Weltall aus entdecken, ohne durch die Kälte reisen zu müssen.

Fernerkundung nennt man diese Forschung am Schreibtisch. Genau dabei hat die Auswertung von Satellitenbildern am 10. August 2010 ein eindrucksvolles Ergebnis geliefert. Rund 560 Kilometer von der Forschungsstation Wostok entfernt, in einer Region, die Dome A genannt wird, zeigten die Sensoren einen neuen Rekordwert von -93,2 Grad Celsius. Nun ist aber dieser Wert nicht an einer Wetterstation gemessen worden und wurde daher von der Weltwetterorganisation (WMO) nicht in die Rekordliste aufgenommen.

Die Eishöhlen am Baikalsee in Russland sind das Ergebnis eisiger Kälte im Winter.

Extremes Ereignis +++ Der Baikalsee im Osten Russlands ist der größte Süßwassersee der Erde. Im Winter wird es hier bis zu -50 Grad kalt. Dann weht ein eisiger Wind, und Nebel frostet die alte Dampflok am See. **+++**

Rekord +++ Größter Temperaturunterschied in einem Jahr, Werchojansk (Russland, Asien), auf 107 m Höhe, 107,1 Grad (-69,8° C, gemessen am 5. und 7. Februar 1892, +37,3° C, gemessen am 25. Juli 1988) **+++**

Rekord +++ Größter Temperaturunterschied an einem Tag, Loma (Montana, USA, Nordamerika), 57,2 Grad, 14./15. Januar 1972 (binnen eines Tages stieg die Temperatur von -47,8° C auf +9,4° C) **+++**

Im Sommer steigen die Temperaturen am Baikalsee tagsüber schon mal bis 25 Grad an. Mit 10° C ist der See aber auch dann noch für die meisten zum Baden zu kalt.

Kalte Luft ist schwerer als warme Luft. Manchmal wird das sichtbar.
In einer windschwachen Nacht kann sich die Kaltluft im Tal sammeln
und so abkühlen, dass sich nur in der kalten Luft Nebel bildet.
Der erste Wind des Tages weht in Wellen über den Nebel, die wie
Wellen auf einem See aussehen. Mit dem Wind durchmischt sich die
Luft wieder, und mit der aufsteigenden Sonne erwärmt sich die
kalte Luft. So kann sich der Nebel langsam auflösen.

Schade! Kann man bei solchen Werten Wasser in die Luft werfen, und es gefriert? Heißes Wasser im Winter nach draußen zu stellen, sorgt ja für jede Menge Dampf.

Tatsächlich ist es möglich. Und das Verrückte dabei ist, dass man mit heißem Wasser besser Eiskristalle erzeugen kann als mit kaltem Wasser. Wenn die Temperaturen bei -20 Grad oder darunter liegen, dann kann man heißes Wasser in die Luft schleudern. Dieses gefriert zu feinen Eiskristallen. Mpemba-Effekt ist der Name dafür. Erasto B. Mpemba war ein Wissenschaftler, der dieses Phänomen vielen Menschen gezeigt hat. Das Besondere dabei: Kaltes Wasser zeigt diesen Effekt weitaus seltener bis gar nicht.

Wie funktioniert das?

Das heiße Wasser verdampft umso schneller, je heißer es ist und je kälter und trockener die Luft darum herum. Wenn Wassertröpfchen verdampfen, dann kühlen sich die Tröpfchen sehr schnell ab. Ist das Wasser sehr heiß, führt die schnelle Verdampfung zu einem so großen Temperatursturz in den feinen Tröpfchen, dass die Temperatur schlagartig weit unter null Grad sinkt und Eiskristalle entstehen.

Dann weiß ich schon, was ich tun würde, wenn mir an der Forschungsstation in Wostok mal langweilig ist.

Da ist es im ostsibirischen Ort Werchojansk schon abwechslungsreicher. Dieser Ort hält den Rekord der größten Temperaturdifferenz in einem Jahr. Zwischen dem höchsten Wert (37,3° C, gemessen am 25. Juli 1988) und der kältesten Nacht (69,8° C, gemessen am 5. und 7. Februar 1892) liegen unglaubliche 107,1 Grad! Extrem niedrige Temperaturen können auch in den Wäldern für ein seltenes Phänomen sorgen. Das Knacken der Bäume. Als der Globetrotter Richard Löwenherz 2010 im tiefsten Winter mit dem Rad durch Sibirien fuhr, was an sich schon unglaublich ist, traf ihn die strengste Kältewelle seit Jahrzehnten. Ich erinnere mich noch gut an seinen Vortrag auf dem ExtremWetterKongress. In einer Nacht sei die Temperatur auf -50 Grad gesunken, und aus der Tiefe des Waldes sei eine Welle lauten Knallens immer näher gekommen. Bei diesen extremen Temperaturen ist es offenbar möglich, dass der Frostschutz der Bäume versagt und das wenige Wasser in den Stämmen gefriert und diese mit einem lauten Knall zum Platzen bringt.

Der Begriff »knackige Kälte« ist da ja wirklich wörtlich zu nehmen.

Auf jeden Fall.

So sieht das Leben im sibirischen Winter aus:
https://www.youtube.com/watch?v=NRyfLGa4YqE

Der Mpemba-Effekt lässt heißes Wasser zu Schneeflocken gefrieren:
https://www.youtube.com/watch?v=IEmBWr9AMTc

Mir gefällt der Schnee. 1978/79 gab es in Deutschland so viel Schnee, dass sogar die Schule ausfiel. Wie es dazu kam, erzählen wir ab Seite 204.

Wenn dir vom Lesen jetzt kalt geworden ist, dann wäre der heißeste Ort der Erde ab Seite 128 jetzt das Richtige für dich. ■

Hetta

Sinnvoller Spaß mit sinnlosem Effekt +++ Es gibt Effekte in der Physik, die sind vielleicht einfach nur zum Spaß da. Der Mpemba-Effekt gehört zweifelsohne dazu. Schmeißt man heißes Wasser bei strengem Frost in die Luft, verwandelt es sich in Eiskristalle. Es ist überraschenderweise so, dass eine kleine Menge heißes Wasser schneller gefriert als eine größere Menge kaltes Wasser. Dieser sogenannte Mpemba-Effekt ist nicht wirklich nutzbar, außer für den Spaß in klirrender Kälte. Das Bild zeigt Freund Sven Plöger dick eingemummelt bei minus 18 Grad und Dreharbeiten zu seiner ARD-Dokumentation »Wo unser Wetter entsteht« am 7. März 2017 im Dorf Hetta (Lappland in Finnland). +++

EISGISCHT

Extremes Ereignis +++
Der Leuchtturm von
St. Joseph im US-Bundes-
staat Michigan trotzt im
Winter den extremen
Wetterverhältnissen.
Der Ort liegt an der
Südostküste des Sees.
Kommen im Winter die
ersten Stürme und bringen
schlagartig Fröste unter
-20 Grad, dann dauert
es noch einige Zeit,
bis der See gefroren ist.
So lange peitscht der Wind
die Wellen an den Pier.
Die Eisgischt verwandelt
den Leuchtturm in eine
eisige Trutzburg gegen
die Naturgewalten. +++

St. Joseph

EISGISCHT

WARUM EIN SCHNELLRESTAURANT NOCH VIEL SCHNELLER HÄTTE SEIN MÜSSEN

Es kann ja manchmal ganz blöd laufen. Stell dir vor, da parkt jemand sein Auto, macht eine Reise, kommt nach ein paar Tagen zurück, und das Fahrzeug ist von einem zehn Zentimeter dicken Eispanzer überzogen. Die Reifen sind festgefroren, um das Auto herum ist eine dicke Eisdecke, und es gibt keine Chance, einzusteigen.

Die Bilder sehen ja sehr beeindruckend aus. Aber man müsste das doch irgendwie abtauen können. Sonst muss man ja sehr lange auf sein Auto verzichten.

Genfer See

Was würdest du zum Auftauen nehmen wollen?

Einen Bunsenbrenner könnte man vielleicht nehmen. Feuerzeug oder Wärmflasche werden da wohl kaum ausreichen!

In der Tat. Mit einem Feuerzeug sollte man nie an seinem Auto herumfuchteln. Auf gar keinen Fall darf man einen Bunsenbrenner benutzen, dabei könnte das Auto großen Schaden nehmen und im schlimmsten Fall Feuer fangen. Auch große Mengen Streusalz werden nicht die erhoffte Wirkung entfalten. Man könnte mit kochendem Wasser oder einem Föhn versuchen, zumindest den Rahmen der Fahrertür frei zu bekommen, um dann mit dem Motor die Luft zu erwärmen. Aber bei Werten um -20 Grad droht wirklich jeder Versuch zum Scheitern verurteilt zu sein.

Wo kam es zu so einem Phänomen, bei dem Wellen an das Ufer geklatscht sind und Autos bei extrem tiefen Temperaturen in Eispanzern gefangen wurden?

Extremes Ereignis +++ Am Genfer See hat ein Autofahrer seinen Wagen tragischerweise so abgestellt, dass die Eisgischt des Sees diesen voll getroffen hat. Bei -20 Grad gibt es kaum eine Chance, sein Auto in kurzer Zeit zurückzubekommen. So bleibt es für eine Weile eine Leihgabe an die Natur. Das Foto wurde am 4. Februar 2012 aufgenommen. +++

Solche Wettersituationen gibt es an Meeresküsten und auch an großen Seen. Ende Januar 2012 hatte sich über Skandinavien ein riesiges Winterhoch aufgebaut. Das ist ein Gebiet mit hohem Luftdruck, wenig Niederschlag und extrem tiefen Temperaturen. In den Folgetagen strömte extrem kalte Frostluft aus Sibirien über Polen und Deutschland hinweg in die Schweiz. Die Temperaturen gingen immer weiter zurück. In der Nacht zum Samstag, dem 4. Februar, wurden am Genfer See um die -20 Grad gemessen. Dazu gesellte sich ein Nordoststurm, der das Wasser des Sees aufpeitschte und große Wellen ans Ufer warf.

Dabei entsteht Gischt. Der Wind reißt das Wasser von den Wellenkämmen und nimmt die feinen Tröpfchen mit.

... bis sie auf einen Gegenstand treffen, dann werden sie zu Eis. Deshalb nennt man dieses Wetterphänomen Eisgischt. Der Genfer See hatte an dem Tag eine Wassertemperatur von gerade einmal zwei Grad. Wenn dann ein Sturm mit -20 Grad kalter Luft die feinen Tröpfchen mitreißt ...

... dann gefrieren diese wahrscheinlich sofort beim Auftreffen auf irgendeinen Gegenstand. Parkbänke, Bäume, Autos. Alles, was von der Eisgischt getroffen wird, erstarrt zu bizarren Skulpturen.

Extremes Ereignis +++ Nach einem Wintersturm sieht die Promenade aus wie aus einer anderen Welt.
Die Eisgischt hat den Uferbereich zu einem Eiswunderland erstarren lassen. +++

Die Eisgischt dauerte fast zwei Tage. Danach waren etliche Autos festgefroren, und die Bilder vom Genfer See gingen um die Welt.

Könnte das auch am Meer passieren mit Salzwasser?

Auf jeden Fall. Salzwasser hat einen niedrigeren Gefrierpunkt als Süßwasser. Statt bei null Grad gefriert Meerwasser je nach Salzkonzentration bei Wassertemperaturen bis -3 Grad. Bei der Schneekatastrophe zum Jahreswechsel von 1978 auf 1979 gab es Eisgischt an der Ostseeküste, wobei sich dort schon viel Meereis in Küstennähe aufgebaut hatte.

Und wie bekommt man sein Auto jetzt wieder frei?

Dazu muss ich dir eine Geschichte erzählen: Am Eriesee, im US-Bundesstaat New York, gibt es eine Stadt, die Hamburg heißt. Dort kam es am 11. Januar 2016 auch zu einer heftigen Eisgischt. Ein Autofahrer hatte sich am Abend ins »Hoak's« gesetzt, einem Schnell-restaurant an der Lake Shore Road, einer Straße am Wasser. Sein Auto hatte er direkt an der Kaimauer abgestellt.

Das Essen kam aber offenbar nicht schnell genug. Lass mich raten. Als er zum Auto zurückkam, war es festgefroren.

Drei Tage lang stand sein Auto fest. Dann haben Mitarbeiter eines Abschleppdienstes Kalziumflocken auf den Wagen geschüttet, um das Eis aufzuweichen. Es half tatsächlich. Sie konnten das Auto mit einem Abschleppwagen aus dem Eispanzer herausziehen. In einer Garage hat es dann einige Stunden gedauert, bis das Auto vom Eis befreit war.

Wenn man weiß, dass so eine Wetterlage kommt, könnte man ja Figuren aus Metallstäben aufstellen und von der Eisgischt in Statuen verwandeln lassen. Eiskunst.

Das würde die Betrachter wahrscheinlich ebenso beeindrucken wie die eingefrorenen Autos.

Sonnenuntergang über der Japanischen See. Dieses Bild zeigt, wie die Wellen bei Frost die Eisskulpturen am Ufer bilden.

Japanische See

Auch Wasserfälle produzieren Gischt. Rund um die Niagarafälle, an der Grenze zwischen Kanada und den USA, sieht man in weitem Kreis um den Wasserfall die weißen Eisflächen, die durch die feinen Wassertropfen entstanden sind. Das Bild wurde vom Skylon Tower auf der kanadischen Seite des berühmten Wasserfalls aufgenommen.

Das Schnellrestaurant war nicht schnell genug. Hier siehst du, was passiert, wenn man sein Auto in Eisgischt parkt:
https://www.youtube.com/watch?v=El5HCRnhdDY

Am Lake Michigan steht der Leuchtturm von St. Joseph. Hier kannst du sehen, wie er einfriert:
https://www.youtube.com/watch?v=2GcZh-wnHcw

Wenn der Genfer See parkende Autos mit einer Eisschicht überzieht, dann ist das für den Fahrer saublöd. Aber die Bilder sehen irre aus:
https://www.youtube.com/watch?v=3RHBT4Pk4TM

Wenn du mehr zum großen Schneesturm und der Schneekatastrophe in Deutschland wissen möchtest, dann bist du ab Seite 204 richtig.

Wenn wir schon beim Thema »unerwünschtes Eis in der Stadt« sind, dann würde der Eis-Tsunami auf Seite 198 jetzt sehr gut passen.

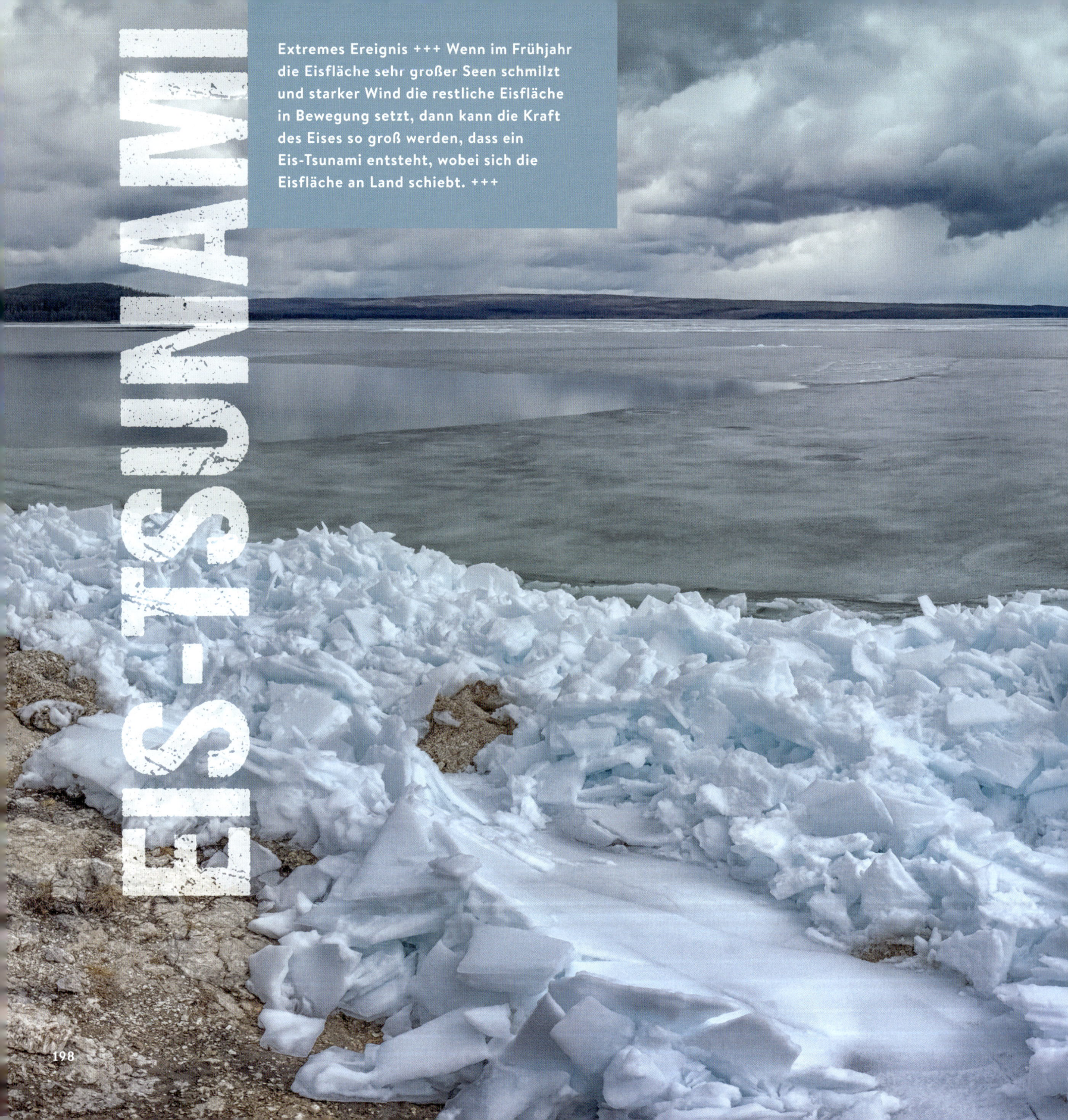

EIS-TSUNAMI

Extremes Ereignis +++ Wenn im Frühjahr
die Eisfläche sehr großer Seen schmilzt
und starker Wind die restliche Eisfläche
in Bewegung setzt, dann kann die Kraft
des Eises so groß werden, dass ein
Eis-Tsunami entsteht, wobei sich die
Eisfläche an Land schiebt. +++

EIS-TSUNAMI
WENN DAS EIS AN LAND KOMMT

Stell dir vor, du wohnst an der Küste oder an einem großen See in einem Haus am Strand. Der Winter geht zu Ende, es taut schon, und zwischen Strand und der Eisplatte auf dem See ist schon ein dünner Streifen Wasser zu sehen. An so einem Tag würde man wahrscheinlich nicht damit rechnen, dass sich das Eis des Sees auf den Weg in deine Küche macht, oder?

Nee, ganz sicher nicht.

Es ist aber wirklich passiert. Am 10. Mai 2013 begann das Eis des Dauphin Lake im Örtchen Manitoba im Süden Kanadas plötzlich damit, an den Strand zu kommen. Es schob sich im Schritttempo auf die Häuser zu. Der See liegt auf halber Strecke zwischen dem Atlantik und dem Pazifik im Herzen Nordamerikas und nördlich genug, damit der See im Mai noch von Eis bedeckt ist. Das Tauwetter hatte schon eingesetzt, und an einigen Stellen des Sees war das Eis schon gebrochen. Was dann passierte, ist atemberaubend. Das Eis kam an Land und schob sich vom Strand in die Vorgärten und auf die Häuser zu. Dieser Eis-Tsunami machte auch vor den Gebäuden nicht halt. 27 Häuser wurden beschädigt, 13 davon vollständig zerstört.

Wow. Das klingt so, als würde das Eis die Häuser wie bei einem Kartenhaus zusammenfallen lassen. Ein Lavastrom aus Eis! Wie entsteht so etwas?

Das Bild passt gut. Der Eisstrom kann mit der Geschwindigkeit von Lava durchaus mithalten. Die Ursache ist indes gänzlich anders. An diesem 13. Mai ist ein Sturm aufgekommen. Der Wind drehte aus südlichen Richtungen kommend auf Nordost. Während der südliche Wind noch warme Luft gebracht hatte, stürmte nun Kaltluft aus dem Norden heran.

Dieser Sturm war also so stark, dass er das Eis nach Südwesten an die Küste des Sees gedrückt hat. Da müssen unglaubliche Kräfte wirken, dass das Eis sich so weit an Land schiebt.

Extremes Ereignis +++ Am 10. Mai 2013 schob der Wind die Eisdecke des Dauphin Lake an den Strand, in die Gärten und schließlich in die Häuser. 27 Häuser wurden beschädigt, 13 davon unwiederbringlich zerstört. +++

Extremes Ereignis +++ Bei einer Überschwemmung schoben sich im Jahr 2009 massive Eisblöcke in die Stadt Eagle im US-Bundesstaat Alaska. Zahlreiche Häuser wurden zerstört. In diesem Fall war das Hochwasser eines Flusses verantwortlich. An den Küsten der Großen Seen in den USA können vom Wind angeschobene Eismassen eine ähnlich fatale Wirkung haben, wenn sich die Eismassen an Land schieben. +++

Extremes Ereignis +++ Das Satellitenbild zeigt die Großen See in Nordamerika am 17. März 2015. In den südlichen Landesteilen ist der Schnee schon getaut. Auf einigen Abschnitten der Seen driften noch große Eismengen mit dem Wind. Kommen diese Eisschollen in starke Bewegung und werden mit dem Wind an ein Ufer gedrückt, dann ist die Kraft bisweilen so groß, dass die Eismassen sogar angeschoben werden und Häuser zerstören. Das Bild zeigt, wie der West- bis Nordwestwind das Eis an die östlichen Ufer der Seen drückt. +++

Große Seen

So etwas passiert immer wieder mal. Am 7. März 2017 war es am Lake Winnebago der Fall, einem See, der im Norden der Vereinigten Staaten nördlich von Chicago liegt. Auch hier war das Eis schon gebrochen, aber eben noch auf großer Fläche vorhanden. Da ein Teil des Sees aber schon eisfrei war, schob der Wind zunächst die großen Eisschollen auf der einen Hälfte des Sees zusammen. Auf der freien Fläche entstanden Wellen, die unaufhörlich gegen die Eismasse drückten und unter dem Eis hindurchströmten.

Wasser und Eis werden auf diese Weise in eine Richtung geschoben, und wenn der Strand flach ist, dann reicht die Kraft aus, das Eis an Land zu pressen. Aber was passiert, wenn die Küste nicht so glatt ist, wenn kein falscher Strand vorhanden ist? Dann entstehen Eiswälle und Eisberge am Ufer. Die höchsten von ihnen haben Wind und Strömung auf bis zu zwölf Meter aufgetürmt.

Was?

Zwölf Meter! Wie geht das?

Extreme Kraft +++ Die in den See ragende Straße stellt sich den herangeschobenen Eismassen in den Weg. Die Kraft der sich heranschiebenden Eisfläche ist so groß, dass sich am Ufer gewaltige Eisberge auftürmen. Dort, wo das Ufer flach ist, schiebt sich das Eis auch über 100 Meter weit an Land, und das selbst dann, wenn es sanft bergauf geht. +++

Daran kannst du sehen, wie stark die Kräfte sind. Das erste Eis, das die steinige Küste erreicht, wird am Ufer nach oben gedrückt. Die nächsten Eisschollen drücken die Kräfte den Eisberg hinauf. Von dort oben fällt das frisch angekommene Eis landeinwärts den Eisberg hinunter. Wenn die Wetterlage lang genug dauert und die Kräfte des Windes und der Strömung stark genug sind, dann kann so ein Eiswall tatsächlich über zehn Meter hoch werden. Wo das passiert, kommt der Eisstrom natürlich nicht so weit an Land.

Könnte so etwas auch bei uns passieren?
Grundsätzlich schon. Bei besonderen Wetterlagen wäre das an der Ostseeküste sicher auch möglich. Am besten eignen sich allerdings große Seen, wo sich eine glatte Eisfläche bilden kann. Denn hier wird die Kraft des Windes in eine gleichmäßige Bewegung der großen flachen Eisscholle umgesetzt. Auf dem Meer brechen Wellen die Eisplatten immer wieder auf und türmen sie zu Eisbergen auf. Diese sind an ihrer Unterseite nicht so glatt wie Eisschollen und verhaken sich deshalb wie Klettverschlüsse am Ufer.

Hört man das Eis, wenn es heranrauscht?
Ja. Einige Bewohner berichten von lautem Krachen, Knallen und Geräuschen, die sie an einen Güterzug erinnert haben. Das Eis macht also schon ganz schön Krach, und das kann helfen, dass man nachts nicht von so einem Phänomen überrascht wird.

Hier sieht man, wie ein Eis-Tsunami beginnt:
https://www.youtube.com/watch?v=7dTNOLk7wwI

Das Meer schiebt riesige Berge des Eises zusammen:
https://www.youtube.com/watch?v=fmCGQmmddZ8

Am Ende kann das Eis ganze Häuser wegschieben:
https://www.youtube.com/watch?v=Qzt5Et4j6OA

Das war schon ziemlich kalt. Aber es geht noch viel kälter. Wenn dich die tiefsten Temperaturen interessieren, dann geht es hier weiter auf Seite 180.

Die Schneekatastrophe finde ich spannender. Da fiel die Schule aus, und wie das möglich war, haben wir im nächsten Kapitel beschrieben. ■

SCHNEE

Kluge Anpassung +++ Blutschnee ist in den polaren Regionen das Ergebnis einer Ausbreitung von bestimmten Grünalgen. Das bei ihnen übliche grün färbende Chlorophyll wird bei diesen Arten um einen rötlichen Stoff ergänzt, der auch Karotten rot färbt. Dieser Stoff schützt die Organismen vor zu starker UV-Strahlung. Das Foto zeigt eine Gentoo-Pinguin-Kolonie auf den mit grünen und rötlichen Algen bedeckten und langsam schmelzenden Schneefeldern auf der Petermann-Insel der Antarktis. +++

Petermann-Insel

SCHNEE
WINNETOU IN VERSCHNEITER PRÄRIE

Der 2. Juni 1962 war ein Samstag und ein Tag, an dem man in Bayern einen herrlichen Sonnenaufgang und einen schönen Sommertag erwarten könnte. Temperaturen von 25 Grad und mehr sind kurz nach Beginn des meteorologischen Sommers keine Seltenheit. Doch dieser Tag begann im Allgäu und am Alpenrand tief verschneit. Am Tag vorher hatte eine Kaltfront die Alpen erreicht und für lang anhaltenden Regen gesorgt, der am Freitagabend immer mehr in Schnee überging. Die vier Zentimeter Schnee in Kempten in der Samstags-

frühe waren der späteste Schnee, der in Lagen unterhalb von 750 Metern jemals gefallen ist. Oberstdorf hält den Rekord für eine geschlossene Schneedecke unterhalb von 1.000 Metern. Dort hat es tatsächlich noch später im Jahr noch geschneit: Am 17. Juni 1991 lagen hier am Nachmittag um 14:42 Uhr drei Zentimeter der weißen Pracht, die bei 0,6 Grad allerdings schnell wieder dahinschmolzen.

Schnee im Sommer, das passt natürlich gar nicht zur Jahreszeit. Aber es gibt Schnee ja auch in viel größeren Mengen. An der Zugspitze, mit 2.963 Metern Höhe Deutschlands höchster Berg, lag der Schnee mal 7,8 Meter hoch, gemessen am Schneefernerhaus. Das ist allerdings schon etwas her und war am 26. April 1980.

Das ist der absolute Rekordwert für Deutschland. Nie lag der Schnee irgendwo bei uns höher. Solche Schneemengen treten in einigen Regionen der Welt immer wieder mal auf. Es gibt großartige Bilder aus den japanischen Bergen. Im Winter führt die Tateyama Kurobe Alpine Straße zwischen dem Mount Tate und Mount Kuwasaki durch bis zu sieben Meter hohe Schneewände. Es ist aber auch die Region mit den höchsten Schneemengen in einem Skigebiet.

Wie viel Schnee kann denn in kurzer Zeit fallen? Bei starken Schneeschauern können durchaus mal fünf Zentimeter Schnee fallen. Es gibt auch bei uns Schneegewitter, die bis zu 20 Zentimeter Neuschnee innerhalb einer Stunde bringen können. Solche Ereignisse sind

Rekord +++ Höchste jemals in Deutschland gemessene Schneedecke, Zugspitze (Bayern), 780 cm, gemessen am 26. April 1980 (gemessen auf dem Zugspitzplatt am Schneefernerhaus auf 2.650 m Höhe) **+++**

Rekord +++ Späteste Schneedecke in Deutschland unterhalb 750 m Höhe, Kempten (Bayern), 4 cm, gemessen am 2. Juni 1962 (zum Morgentermin) **+++**

Rekord +++ Späteste Schneedecke in Deutschland unterhalb 1.000 m Höhe, Oberstdorf (Bayern), 3 cm, 17. Juni 1991 (um 14:42 MESZ bei 0,6° C) **+++**

Das Bild zeigt das Schneefernerhaus links am Hang, unterhalb der Zugspitze.

Extremes Ereignis +++ Die Tateyama Kurobe Alpine Straße führt durch das Hida-Gebirge. Hier fallen extreme Schneemengen. An der Schichtung des Schnees kannst du ablesen, wann es wie viel geschneit hat. Die dünnen dunklen Schichten weisen auf kurzes Tauwetter hin. Das Foto entstand am 30. April 2017. Sechs Meter Schnee in einem Winter sind hier keine Seltenheit +++

Silver Lake

So heftiger Schneefall ist nötig, damit eine Rekordschneemenge in so kurzer Zeit erreicht werden kann.

Rekord +++ Größte jemals auf der Erde an einem Tag gemessene Neuschneemenge, Silver Lake (Nordamerika), 1,93 m, gemessen vom 14. auf den 15. April 1921 (Colorado, USA) +++

aber selten und treten vor allem in den Mittelgebirgen ab und zu mal auf, wenn im Frühwinter die arktische Kaltluft den Weg zu uns nach Deutschland findet. Die Luft, die dann in zwei- bis siebentausend Metern Höhe unterwegs ist, erwärmt sich auf dem Weg nach Süden nur langsam. Die Luft in den tieferen Schichten wird auf dem langen Weg über das Meer immer wärmer. Trifft diese Gemengelage dann zum Beispiel auf den Harz oder den Schwarzwald, dann sind tatsächlich solche Schneegewitter möglich.

Das stelle ich mir toll vor. Man wacht morgens auf und denkt, man muss zur Schule gehen. Dann kommt so ein Schneegewitter, und innerhalb von einer Stunde ist alles zugeschneit, und die Schule fällt aus. Prima Wetterlage!

Für die größte Neuschneemenge innerhalb eines Tages gibt es mehrere Anwärter. Es ist einfach sehr schwer, die Schneedecken überall da zu messen, wo es besonders viel schneit. Dort sind offizielle Messungen eher selten an der Tagesordnung, und so müssen wir uns mit inoffiziellen Rekorden behelfen. Gesichert ist der Wert der Zugspitze für Deutschland. Dort fielen am 24. März 2004 innerhalb von 24 Stunden 1,5 Meter Neuschnee. In Silver Lake, der Ort liegt im US-Bundesstaat Colorado, sollen am 15. April 1921 angeblich 193 Zentimeter Schnee gefallen sein. Solche Schneemengen fallen in den USA oft bei Schneestürmen, die Blizzards genannt werden und im Winter oft ganze Landesteile im Schnee versinken lassen. Dabei können sogar große Städte wie New York unter Schneemassen begraben werden. Der Wert aus Silver Lake gilt zumindest als einigermaßen gesichert, weil es dort auch damals schon eine Wetterstation gab. Viel unsicherer ist der angebliche Rekord aus dem Dorf Capracotta im italienischen Apennin. Dort soll es am 5. März 2015 zweieinhalb Meter Neuschnee gegeben haben. Ein Tiefdruckgebiet hatte damals die Wolkenmassen gegen die Berge gedrückt und extreme Schneefälle verursacht. Aus den Niederschlagsmessungen in der Umgebung ist aber davon auszugehen, dass es sich eher um 75 bis 100 Zentimeter Neuschnee gehandelt hat und weitere Schneefälle schon am Tag vorher für den Zuwachs verantwortlich waren. Auch ist nicht gesichert, wie viel Schnee schon am Tag vorher lag, da es dafür keine Messungen gab.

Ich stelle mir Schneehöhenmessungen sehr schwer vor. Ein Thermometer kann man ja einfach ablesen. Aber der Schnee verweht zu großen Schneehaufen. Da kann man doch zehn Mal messen und kommt auf zehn verschiedene Schneehöhen.

Extremes Ereignis +++
Bei einem Schneesturm wird die Sicht auf wenige Meter reduziert. Neben den Flocken, die aus den Wolken fallen, wird zusätzlich viel Schnee durch den Wind verfrachtet und kann binnen weniger Stunden gewaltige Schneewehen aufhäufen. Bei so einem Wetter ist es sogar in der Stadt besser, sein Auto stehen zu lassen und zu Hause zu warten, bis der Schneesturm vorbei ist. +++

Aus diesem Grunde ist die Schneemessung auch überall auf der Welt einheitlich. Sie soll auf einer glatten, freien und kurz geschnittenen Wiese stattfinden, und es werden immer mehrere Messungen gemacht, von denen man den Mittelwert nimmt. Und trotzdem ist die Messung nicht einfach. Durch anhaltenden Wind kann die Schneedecke in Senken wachsen, obwohl nur Schnee von den höheren Lagen heruntergeweht wird. Die Schneehöhenangaben der Skilifte muss man daher immer mit Vorsicht genießen.

Du bist ja zum Wetter gekommen, weil es so viel Schnee gab. Wie war das damals?

Oh, es war verrückt. Wir waren 1978 über Weihnachten im Allgäu zum Skilaufen. In dem Jahr lag an den Alpen aber nur sehr wenig Schnee. Zusammen mit meiner Schwester habe ich Geldmünzen auf den Pisten gesammelt. Das lohnt sich übrigens besonders an den Stellen, wo die Skifahrer am Ende der Piste scharf in Richtung Lift abbiegen oder in den Schlepplift einsteigen müssen. Das sind Stellen, wo Skifahrer damals offenbar besonders häufig hingefallen sind, und dann purzelten die Münzen aus ihren Taschen.

Ich werd's mir merken. ☺

Dann nahte der Abreisetag. Wir wollten am Sonntagmorgen starten. Dein Opa hatte einen Termin und

wollte unbedingt in Hamburg sein, und ich musste wohl oder übel wieder zur Schule. Ich war damals in der vierten Klasse. Doch am Freitagabend sahen wir die Bilder in der »Tagesschau«. Viele Orte in Schleswig-Holstein waren von der Außenwelt abgeschnitten, weil ein Schneesturm über das Land fegte.

Und du warst nicht dabei, wie schade! Was habt ihr gemacht?

Nach der Sendung sagte mein Vater, dass wir schon am Samstag früh losfahren würden, um rechtzeitig in Hamburg zu sein. Ich erinnere mich noch genau an den Moment, als wir ins Auto gestiegen sind. Es war am Samstagmorgen um vier Uhr und der Moment, in dem die Kaltfront gerade im Allgäu ankam. Die Straße war schon gefroren, der Wind fegte die ersten fallenden Schneeflocken über die Straße. Meine Schwester und ich machten es uns auf der Rückbank gemütlich und schliefen ein. Einige Zeit später wachte ich vom Rattern der Schneeketten auf, die mein Vater zwischenzeitlich aufgezogen hatte. Die Landschaft war tief verschneit, und ich war froh, dass mein Vater wusste, wo wir waren und wohin wir fahren mussten.

Navi und Handy gab es damals ja noch nicht.

Schneekatastrophe in Schleswig-Holstein 1978/79. Wie hier bei Hohenlockstedt lagen in Norddeutschland nach zwei Schneestürmen in Folge Mitte Februar zwischen 20 und 80 Zentimeter Schnee.

Extremes Ereignis +++
Im Winter 1978/79 fegte der Wind während zweier Schneestürme meterhohe Schneeverwehungen zusammen. In diese Schneewehen darf man auf keinen Fall mit dem Auto hineinfahren. Sie sind nicht weich und fliegen auseinander, sondern wirken beim Aufprall wie eine Wand. Dieses Bild stammt von einem Schneesturm in den USA, die dort Blizzard genannt werden. +++

Extremes Ereignis +++ Ab und an strömt eisige Frostluft von Osteuropa aus heran. Weht der Wind dabei über die Ostsee, verdunstet dort das Wasser und bildet Schneefälle aus. Diese ziehen oft in kaum 30 Kilometer breiten Streifen landeinwärts und können lokal 20 bis 50 Zentimeter Schnee bringen. Je nachdem, wie lange der Wind stabil bleibt. Diese Ereignisse nennen wir »Lake-Effekt«. Ende Februar 2018 kam es durch die Nordsee zu anhaltenden Schneefällen in Großbritannien, durch die Ostsee in Schleswig-Holstein und durch die Adria ist Süditalien. +++

Schneeflocken sind bei Temperaturen von null Grad am größten. Das ist kein Zufall. Stoßen Flocken bei strengem Frost aneinander, dann verhaken sie sich nur selten. Bei Werten knapp über null Grad werden die Schneeflocken durch den beginnenden Tauprozess feuchter. Es gibt dann schon Wasser in den Flocken. Berühren sich die Flocken, kleben die Flocken aneinander. So können große Flocken, so groß wie Zwei-Euro-Stücke, entstehen. Das Bild zeigt große Schneeflocken beim Durchzug des Orkantiefs Friederike am 18. Januar 2018 in Hamburg.

Aber im Prinzip fährt man ja vom Allgäu immer nur die A7 bis nach Hamburg. Allerdings nur sehr langsam, denn erst um 21 Uhr waren wir in den »Kasseler Bergen«. Dort standen die Lastwagen auf der rechten Spur und kamen weder vor noch zurück.

Seid ihr dann durchgefahren bis nach Hamburg?
Nein. Wir waren alle ganz schön platt und haben dann das letzte Zimmer für vier Personen in einem Hotel direkt an der Autobahn bekommen. Es gab grauenvoll schlechtes Essen, aber immerhin ein warmes Zimmer. Am Sonntag haben wir dann den Rest der Strecke bewältigt und mussten uns bei der Ankunft in Hamburg erst einmal einen Parkplatz freischaufeln.

Das wiederum hätte mir viel Spaß gemacht.
Hat es uns auch. Meine Schwester und ich haben Tunnel durch die Schneewehen im Garten gebuddelt und mit Schneebällen versucht, die Eiszapfen von der Dachrinne zu werfen. Die waren damals einen Meter lang.

Warum gab es so lange Eiszapfen, wenn es doch geschneit hatte?

Zunächst hatte es Eisregen gegeben. Über Norddeutschland war damals eine extreme Luftmassengrenze entstanden. Während über Hannover der Westwind Regen und acht Grad plus brachte, schneite es in Kiel bei -8 Grad. In Hamburg hatte es bei Temperaturen um -2 Grad noch einige Stunden lang geregnet, bevor sich die Kaltluft von Norden her langsam durchsetzte. Die Straßen waren unter der Schneedecke von einer dicken Eisschicht überzogen, und im Radio hörten wir Warnungen vor den großen Eiszapfen, die zu Boden stürzen konnten.

Wie war es am Montag in der Schule?
Das war das Allerbeste. Dieser Schneesturm hatte etwas geschafft, was ich nie hinbekommen hatte. Der Schneesturm hat die Schule für drei Tage geschlossen. Wir hatten schneefrei. Durch die Straßen fuhren ein paar Tage später große Schneefräsen, die aus Süddeutschland gekommen waren. Überall entstanden gewaltige Schneehaufen, von denen im Mai noch etwas übrig war.

Wie viel Schnee lag in Hamburg?
In vielen Teilen Norddeutschlands waren es die höchsten Schneemengen seit Beginn der Messungen. Die Autobahnen waren gesperrt, Züge standen in meterhohen Schneewehen fest, und die Fahrgäste mussten mit Bergepanzern der Bundeswehr geborgen werden. In Hamburg fielen vom 30. auf den 31. Dezember 1978 ganze 28 Zentimeter Neuschnee. Am Neujahrstag lagen in Hamburg 38 Zentimeter Schnee und damit der höchste Wert seit Beginn der Messungen. Tatsächlich gab es in jenem Winter gleich zwei Schneekatastrophen. Am 14. Februar fielen noch einmal 37 Zentimeter Schnee, und obwohl es zwischen beiden Ereignissen kräftig getaut hatte, brachten immer wieder neue Tiefs Schnee nach Hamburg. Der 18. Februar steht heute in diesem Buch als der Tag, an dem in Hamburg die Rekordhöhe von 67 Zentimetern Schnee gemessen wurde. In Mölln wurden 47, in Plön 50 und in Schleswig sogar 70 Zentimeter Schnee an diesem Tag gemessen. In Schleswig fielen im Winter 1978/79 insgesamt 159 Zentimeter Neuschnee. Das ist der absolute Rekord im Flachland, aber weit weg vom meisten Schnee eines Jahres.

Extremes Ereignis +++ Nach der Schneekatastrophe 1978/79 bildeten sich durch das ständige Tauen und Gefrieren an den Dachrinnen riesige Eiszapfen von über einem Meter Länge. Im Radio wurde vor der Gefährlichkeit der herunterstürzenden Dolche gewarnt. Das Bild veranschaulicht die Größen von damals sehr eindrücklich. +++

Rekord +++ Höchste Schneedecke in Hamburg, 67 cm, gemessen am 18. Februar 1979 nach der 2. Schneekatastrophe +++

Das Bild zeigt die A7. Dieses Foto wurde u.a. Titelseite des »Stern«, wobei der »Stern« damals zwei Personen zusätzlich ins Bild retuschiert hat.

Extremes Ereignis +++ Meterhohe Schneewehen machen den Weg zum Auto unmöglich. Wie hier bei einem Schneesturm in den USA war es auch im Winter 1978/79 in Norddeutschland. Auf den Autobahnen standen die Autos tagelang fest, und viele Menschen mussten aus ihren Fahrzeugen evakuiert werden. +++

Rekord +++ Größte Neuschneemenge im Flachland in Deutschland, Schleswig (Schleswig-Holstein), 159 cm, gemessen von November 1978 bis März 1979 +++

Schleswig

Rekord +++ Größte jemals auf der Erde in einem Jahr gemessene Neu-schneemenge, Mount Rainier, Ranger Station (frei stehender Schicht-vulkan im US-Bundesstaat Washington, Nordamerika), 31,1 m, gemessen vom 19. Februar 1971 bis zum 18. Februar 1972 (4.392 m Höhe) +++

Den absoluten Schnee-Rekord hält der 4.392 Meter hohe Mount Rainier im US-Bundesstaat Washington. Vom 19. Februar 1971 bis zum 18. Februar 1972 fielen hier 31,1 Meter Neuschnee.

Berge sind einfach prädestiniert für heftigen Schnee-fall. Die Luftmassen schieben sich dabei gegen die Berge und müssen diese überwinden.

Die Luft wird so zum Aufstieg gezwungen und kühlt sich dabei ab. Unaufhörlich bilden sich neue Wolken und Schneeflocken.

So wie es auf dem Mount Rainier viel schneit, schneit es auch in den Alpen immer wieder mal extrem viel. Das ist nicht ungefährlich, denn starke Schneefälle können gewaltige Lawinen nach sich ziehen. So wie im Januar 2018, als nach heftigen Schneefällen und Lawinenabgängen der Wintersportort Zermatt tage-lang von der Außenwelt abgeschnitten war.

Lawinen sind extrem gefährlich. Man hat kaum eine Chance, zu entkommen. Es gibt aber Ruck-säcke, die eine Art Airbag öffnen, mit denen man auf dem Schnee schwimmt.

Das funktioniert bei Pulverschnee tatsächlich ganz gut. Schwere Gegenstände werden in einer Lawine in die unteren Bereiche bewegt, und dann hat man kaum eine Überlebenschance. Mit einem solchen Airbag bekommt man Auftrieb. Am sichersten ist es aber auf jeden Fall, den Warnungen zu folgen und die Gefahrengebiete zu meiden. Denn es genügt manchmal schon ein lautes Klatschen in die Hände, dass sich eine Lawine auslösen kann.

Was? Ein Klatschen genügt?

Stell dir folgende Wetterlage vor. Es liegt Schnee auf den Bergen, und es taut tagsüber ein wenig. Nachts bil-det sich dann bei Frost Harsch.

Extremes Ereignis +++ Gerade nach starken Schneefällen ist die Lawinen-gefahr besonders groß. Das Bild zeigt einen Lawinenabgang in Val-d'Isère, einem Wintersportort in den französischen Alpen. +++

Extremes Ereignis +++ Nicht nur absichtlich her-beigeführte Sprengungen, auch Skiläufer und sogar lautes Klatschen können Lawinen auslösen. +++

Rekord +++ Größte jemals auf der Erde in einem Monat gemessene Neuschneemenge, Tamarack (Sierra Nevada, Nordamerika), 9,91 m, gemessen im Januar 1911 (Kalifornien, USA, 2.107 m Höhe) **+++**

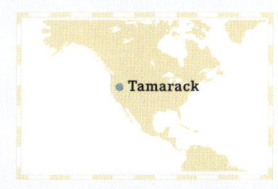

In Tamarack, einem kleinen Örtchen in der Sierra Nevada, lagen im Rekordjahr 2011 Ende März unglaubliche 10,45 Meter Schnee. Das Bild zeigt den Tahoe-See, nördlich von Tamarack.

Extremes Ereignis +++ Am 7. Januar 2018 schneite es in der Sahara. Im Winter schaffen es immer wieder mal kalte Luftmassen bis nach Nordafrika und brachten am 12. Dezember 2013 sogar Kairo eine Schneedecke. **+++**

Das Bild zeigt Schneeschauer in den Bergen, die man schon von Weitem durch die weißen Vorhänge fallenden Schnees sehen kann.

Was ist Harsch?

Nasser Schnee wird eisig fest und bekommt eine glatte Oberfläche. Diese wird Harsch genannt. Wenn es jetzt kräftig schneit, dann liegt der Schnee auf dieser glatten Fläche …

… kann sich nicht mit den alten Schneeschichten darunter verzahnen und rutscht ab. So eine Schichtung ist besonders instabil. Schon geringste Erschütterungen genügen, um den Schnee ins Rutschen zu bringen.

Diese Erschütterung kann auch durch Schallwellen erfolgen. Tatsächlich kann ein Klatschen ausreichen, um eine Lawine auszulösen.

Nach heftigen Schneefällen werden Lawinen auch künstlich durch Detonationen ausgelöst, um die Gefahr zu bannen, bevor sie durch weitere Schneefälle unbeherrschbar wird.

Als im Januar 1911 im Dörfchen Tamarack binnen 31 Tagen 9,91 Meter Neuschnee fielen – ein weiterer Weltrekord –, kannst du dir vorstellen, dass auch dort die Lawinengefahr gewaltig war. Bis Ende März hatte sich in dem Dorf auf 2.107 Metern Höhe im US-Bundesstaat Kalifornien eine Schneemenge von 10,45 Metern angesammelt.

Der Ort liegt in den Rocky Mountains. Aber Kalifornien erinnert an Süden, Sonne und Wärme. Gab es schon mal Schnee in der Wüste?

Das ist natürlich sehr selten, aber absolut spektakulär, wenn der Schnee auf Sanddünen oder Kakteen liegt. In den Prärien Nordamerikas lag schon Schnee, und Winnetou hätte Winterausrüstung benötigt. Am 19. Dezember 2016 schneite es in der Wüste Afrikas: Im Ort Aïn Séfra, im Nordwesten Algeriens, fielen am 7. Januar 2018 weiße Flocken. Es schneite in den Morgenstunden während des Schauers erst das dritte Mal in 40 Jahren. Auch andere Orte Nordafrikas haben schon einmal Schnee gesehen: Im Jahre 2005 fielen die weißen Flocken in Ghardaia, knapp 800 Kilometer südlich von Algier, aus allen Wolken. Am 10. Januar 2015 rieselte es in der Wüste Saudi-Arabiens, und am 12. Dezember 2013

Atacama-Wüste

Extremes Ereignis +++ Die Atacama-Wüste ist einer der trockensten Orte der Welt. Doch ab und zu fällt sogar hier Schnee, der vom Wind zu Schneewehen zusammengefegt wird. Die Sonne brennt in einem Wechselspiel von Sublimation und Gefrieren faszinierende Figuren in den Schnee, die bis zu drei Meter hoch sein können. Penitentes heißen die Formationen, die nur in großer Höhe entstehen, wo der Luftdruck niedriger ist und die Luft trocken. Die seltsamen Strukturen richten sich zur Sonne hin aus, weshalb sie alle eine perfekt angeordnete Skulpturenlandschaft ergeben. Über den Strukturen liegt der Anblick des Sternenhimmels, mit dem großen blauen Stern direkt über dem Hügel: Sirius, der hellste Stern am Himmel. Aufgenommen wurde das Bild im Dezember 2005, also am Ende des Frühlings auf der Südhalbkugel in rund 2.200 m Höhe. +++

Mexiko-City

Extremes Ereignis +++ Am 13. März 2015 schaffte eine Kaltfront den Weg bis nach Mexiko und brachte den Verkehr um Mexiko City herum mit Schneefall zum Erliegen. Pflanzen wie die Saguaro-Kakteen im Norden Mexikos haben sich an die extremen Bedingungen angepasst. Sie trotzen der Hitze im Sommer und den sehr seltenen Schneefällen im Winter. +++

extrem kalten Winter. Die eisige Frostluft wurde mit großer Wahrscheinlichkeit von Tiefdruckgebieten, die über das Mittelmeer hinweg nach Osten zogen, sogar über den Bosporus bis zum Nil geführt. Beide Gewässer froren mindestens in Teilen zu. Besonders extrem war auch der Winter 1398/99, in dem tatsächlich die gesamte Ostsee zugefroren war und die Menschen mit Kutschen von Lübeck nach Dänemark gefahren sind.

Wenn es sich einrichten lässt, würde ich das gerne mal erleben. Als wir in Andorra waren, einem kleinen Land in den Pyrenäen, habe ich roten Schnee gesehen. Offenbar war feiner Sand aus der Sahara mit dem Südwind bis hierhin getragen worden und in Schneeflocken heruntergerieselt.

Das wäre eine mögliche Erklärung. *Blutschnee* kann aber auch anders entstehen. Gerade im Hochgebirge und in polaren Zonen leben Algen im tauenden Schnee. Diese Algen schützen sich durch einen rötlichen Stoff vor der starken UV-Strahlung und färben den Schnee rot. Das wussten übrigens schon die Wikinger. So könnte das, was wir in den Pyrenäen gesehen haben, Sand auf der Sahara oder eine gut gewachsene Algenkolonie gewesen sein.

Ich mag Schnee am liebsten frisch und weiß.
Ich auch.

wurde Kairo von einer dünnen Schneedecke überzogen, die die Stadt zum ersten Mal seit 112 Jahren in eine Winterlandschaft verwandelte. Es gab aber schon Wetterlagen in Ägypten, bei denen der Nil Eis führte. Im Winter 1010/11 brachte sibirische Kaltluft Europa einen

Extremes Ereignis +++ Schnee ist gefallen, wo man es auf keinen Fall erwarten würde. Winnetou passt plötzlich nicht mehr ins Bild des Monument Valley in Arizona, wo im Sommer die Tagestemperaturen die 50-Grad-Marke erreichen können. +++

Monument Valley

Angepasst +++ Am Rande des Yokoyu-Flusses in Japan gibt es heiße Quellen. Die Schneeaffen haben sich an die Bedingungen ihrer Umgebung hervorragend angepasst. Wenn es ihnen an den eisigen und schneereichen Wintertagen zu kalt wird, dann genießen sie das warme Wasser der vulkanischen Quellen.

Heftige Schneefälle brachten dem Dorf Capracotta im italienischen Apennin am 5. März 2015 angeblich einen Schneerekord.
https://www.youtube.com/watch?v=9ZCn_62sUzo

An die Schneekatastrophe 1978/79 können sich viele noch erinnern. Sie brachte Rekordschneemengen nach Deutschland. Diese Dokumentation finden wir sehr gelungen.
https://www.youtube.com/watch?v=9O6fCuHMImk

Schnee in der Wüste ist ein seltenes Phänomen, aber wunderschön. Der Kontrast ist beeindruckend. Hier gibt es einen sehr guten Film dazu:
https://www.youtube.com/watch?v=3lY__Iq0Rds

Gewaltige Schneemengen sind nicht einfach zu beherrschen. Wie eine Straße bei sechs Meter hohem Schnee aussieht, findest du an dieser Stelle:
https://www.youtube.com/watch?v=d6BfCpTLkVs

Nach Neuschnee kann es gewaltige Lawinen geben. Hier siehst du eine Lawine, die zur Gefahrenabwehr künstlich ausgelöst wurde:
https://www.youtube.com/watch?v=3YQdOR2MZXA

Schneegewitter sind unglaubliche Wetterphänomene. Sie bringen Blitze, Donner und eben auch viel Schnee. Wenn du mehr über Gewitter und die Orte mit den meisten Blitzen der Erde wissen möchtest, dann lies weiter auf Seite 70.

Wenn in verschneiter Landschaft Nebel auftritt, dann können die Konturen so verwischen, dass es zu einem Whiteout kommt. Dabei kann man völlig die Orientierung verlieren. Wie das möglich ist, erfährst du ab Seite 154. ■

REKORDE
DIE EXTREMSTEN ORTE IM ÜBERBLICK

TEMPERATUR

Rekord +++ Größter Temperaturunterschied in einem Jahr, Werchojansk (Russland, Asien), auf 107 m Höhe, 107,1 Grad (-69,8°C, gemessen am 5. und 7. Februar 1892, +37,3°C, gemessen am 25. Juli 1988) +++

Rekord +++ Größter Temperaturunterschied an einem Tag, Loma (Montana, USA, Nordamerika), 57,2°C, 14./15. Januar 1972 (binnen eines Tages stieg die Temperatur von -47,8°C auf +9,4°C) +++

Rekord +++ Ort mit der gleichmäßigsten Temperatur, Saipan (Marianen, Ozeanien), 11,5°C, zwischen den Werten 31,4°C und 19,9°C (Pazifik) +++

Noch vor wenigen Jahrzehnten war Spitzbergen im Winter stets von Eis umgeben. Das ist heute nicht mehr selbstverständlich. Auch wenn schmelzende Eisberge wunderschön aussehen, sind sie auch Zeugnis des von uns Menschen verursachten globalen Klimawandels. An der Wetterstation Jan Mayen auf Spitzbergen ist das 10-Jahres-Mittel der Temperatur von 1900 n. Chr. von -7,9 Grad auf -5,4 Grad gestiegen.

HITZE

Rekord +++ Höchste andauernde Kombination von feuchter und heißer Luft, Naica-Höhle (Mexiko, Mittelamerika), Lufttemperatur ganzjährig zwischen 45 und 50°C bei fast 100 Prozent Luftfeuchtigkeit +++

Rekord +++ Höchste jemals auf der Erde gemessene Lufttemperatur, Death Valley (USA, Nordamerika), 56,7°C, gemessen am 10. Juli 1913 (-54 m Höhe, Furnace Creek Ranch, ehemals Greenland Ranch) +++

Rekord +++ Höchste jemals in der Antarktis gemessene Temperatur, Hope Bay (Antarktis), 14,6°C, gemessen am 5. Januar 1974 (15 m Höhe) +++

Rekord +++ Höchste jemals in Asien gemessene Temperatur, Tirat Tsvi (Israel, Asien), 53,9°C, gemessen am 21. Juni 1942 (-220 m Höhe) +++

Rekord +++ Höchste jemals in Australien gemessene Temperatur, Cloncurry (Australien), 53,3°C, gemessen am 16. Januar 1889 (190 m Höhe, Queensland) +++

Rekord +++ Höchste jemals in Australien gemessene Temperatur, Oodnadatta (Australien), 50,7°C, gemessen am 2. Januar 1960
Ein höherer Rekordwert vom 16. Januar 1889 mit 53,1°C wurde nicht international anerkannt. +++

Rekord +++ Höchste jemals in Europa gemessene Temperatur, Sevilla (Spanien, Europa), 50,0°C, gemessen am 4. August 1881 (8 m Höhe) +++

Rekord +++ Höchste jemals in Ozeanien gemessene Temperatur, Tuguegarao (Philippinen, Ozeanien), 42,2°C, gemessen am 29. April 1912 (22 m Höhe) +++

Rekord +++ Höchste jemals in Südamerika gemessene Temperatur, Rivadavia (Argentinien, Südamerika), 48,9°C, gemessen am 11. Dezember 1905 (206 m Höhe) +++

Rekord +++ Höchste jemals mit einem Satelliten gemessene Temperatur auf der Erde (Bodentemperatur), Turpan-Senke (China, Asien), 82,3°C, gemessen am 13. Juli 1975 (-155 m Höhe, tiefster Punkt Chinas am im Sommer ausgetrockneten Aydingkol-See) +++

Rekord +++ Höchste jemals auf der Erde gemessene Jahresmitteltemperatur, Dallol (Äthiopien, Afrika), 34,6°C, gemessen in den sechs Jahren von November 1960 bis Oktober 1966 auf 79 m Höhe über dem Meer +++

Rekord +++ Höchste jemals am Südpol gemessene Temperatur, Amundsen-Scott-Forschungsstation (Antarktis), -12,3°C, gemessen am 25. Dezember 2011 (2.800 m Höhe) +++

Rekord +++ Höchste jemals in Deutschland gemessene Temperatur, Kitzingen, Bayern, 40,3°C, gemessen am 5. Juli 2015 und 7. August 2015 (in 2 m Höhe über dem Erdboden) +++

Rekord +++ Wärmste Nacht in Deutschland, Weinbiet (Rheinland-Pfalz), 27,6°C, gemessen als Minimum in der Nacht vom 12. auf den 13. August 2003 +++

Rekord +++ Höchste jemals gemessene Temperatur auf der Zugspitze, 17,9°C, 15. Juli 1957 (in 2 m Höhe über dem Erdboden) +++

Rekord +++ Höchste jemals in Deutschland gemessene Junitemperatur, Freiburg (Baden-Württemberg), 24,2°C, Mittelwert im Juni 2003 +++

Rekord +++ Wärmster jemals in Deutschland gemessener Monat, Freiburg (Baden-Württemberg), 25,7°C, Mittelwert im Juli 2006 +++

Rekord +++ Höchste jemals in Deutschland gemessene Augusttemperatur, Freiburg (Baden-Württemberg), 25,5°C, Mittelwert im August 2003 +++

Rekord +++ Wärmster Sommer in Deutschland, 2003 (Juni bis August, seit 1755) +++

Rekord +++ Wärmster Winter in Deutschland, 2006/2007 (Dezember bis Februar, seit 1755) +++

KÄLTE

Rekord +++ Tiefste jemals in Afrika gemessene Lufttemperatur, Ifrane (Marokko, Afrika), -23,9°C, gemessen am 11. Februar 1935 (1.635 m Höhe) +++

Rekord +++ Tiefste jemals auf der Erde gemessene Lufttemperatur, Forschungsstation Wostok (Antarktis), -89,2°C, gemessen am 21. Juli 1983 (3.420 m Höhe) +++

Rekord +++ Tiefste jemals in Asien gemessene Lufttemperatur, Werchojansk (Russland, Asien), -69,8°C, gemessen am 5. und 7. Februar 1892 (107 m Höhe) +++

Rekord +++ Tiefste jemals in Asien gemessene Lufttemperatur, Ojmjakon (Russland, Asien), -69,8°C, gemessen am 6. Februar 1933 (800 m Höhe) +++

Rekord +++ Tiefste jemals in Australien gemessene Lufttemperatur, Charlotte Pass (Australien), -23,0°C, gemessen am 29. Juni 1994 (1.755 m Höhe, New South Wales) +++

Rekord +++ Tiefste jemals in Europa gemessene Lufttemperatur, Ust-Shchugor (Russland, Europa), -55,0°C, gemessen am unbekannt (85 m Höhe) +++

Rekord +++ Tiefste jemals in Nordamerika gemessene Lufttemperatur, Snag (Kanada, Nordamerika), -63,0°C, gemessen am 3. Februar 1947 (646 m Höhe) +++

Rekord +++ Tiefste jemals in Ozeanien gemessene Lufttemperatur, Mauna Kea (Hawaii, Ozeanien), -11,1°C, gemessen am 17. Mai 1979 +++

Rekord +++ Tiefste jemals mit einem Satelliten gemessene Temperatur auf der Erde, Dome A (560 km von der Forschungsstation Wostok entfernt, Ostantarktis), -93,2°C, gemessen am 10. August 2010 (4.091 m Höhe) +++

Rekord +++ Tiefste jemals in Südamerika gemessene Lufttemperatur, Sarmiento (Argentinien, Südamerika), -33,0°C, gemessen am 1. Juni 1907 (268 m Höhe) +++

Rekord +++ Tiefste jemals auf der Erde gemessene Jahresmitteltemperatur, Forschungsstation Wostok (Antarktis), -55,1°C, gemessen von 1961–1990 (3.420 m Höhe) +++

Rekord +++ Tiefste jemals in Deutschland gemessene Temperatur, Hüll (Niederbayern), -37,8°C, 12. Februar 1929 (in 2 m Höhe über dem Erdboden) +++

Rekord +++ Tiefste jemals in Deutschland auf einem Berg gemessene Temperatur, Zugspitze (Bayern), -35,6°C, 14. Februar 1940 +++

Rekord +++ Kältester Sommer in Deutschland, 1816 (Juni bis August, seit 1755, Messungen unsicher) 1913 und 1956 (Juni bis August, seit 1881, 14,7°C im Mittel) +++

Rekord +++ Kältester Winter in Deutschland, 1829/1830 (Dezember bis Februar, seit 1755, Messungen unsicher), 1962/1963 (Dezember bis Februar, seit 1881, -5,5°C im Mittel) +++

SCHNEE

Rekord +++ Höchste jemals in Deutschland gemessene Schneedecke, Zugspitze (Bayern), 780 cm, gemessen am 26. April 1980 (gemessen auf dem Zugspitzplatt am Schneefernerhaus auf 2.650 m Höhe) +++

Rekord +++ Späteste Schneedecke in Deutschland unterhalb 750 m Höhe, Kempten (Bayern), 4 cm, gemessen am 2. Juni 1962 (zum Morgentermin) +++

Rekord +++ Späteste Schneedecke in Deutschland unterhalb 1.000 m Höhe, Oberstdorf (Bayern), 3 cm, 17. Juni 1991 (um 14:42 MESZ bei 0,6° C) +++

Mount Rainier

Rekord +++ Größte jemals auf der Erde in einem Jahr gemessene Neuschneemenge, Mount Rainier, Ranger Station (frei stehender Schichtvulkan im US-Bundesstaat Washington, Nordamerika), 31,1 m, gemessen vom 19. Februar 1971 bis zum 18. Februar 1972 (4.392 m Höhe) +++

Rekord +++ Größte jemals auf der Erde in einer Skisaison gemessene Neuschneemenge, Mount Baker Ski Resort (Deming, im US-Bundesstaat Washington, Nordamerika), 28,96 m, gemessen im Winter 1998/1999 +++

Rekord +++ Größte jemals auf der Erde in einem Monat gemessene Neuschneemenge, Tamarack (Sierra Nevada, Nordamerika), 9,91 m, gemessen im Januar 1911 (Kalifornien, USA, 2.107 m Höhe) +++

Rekord +++ Höchste Schneedecke in Hamburg, 67 cm, gemessen am 18. Februar 1979 nach der 2. Schneekatastrophe +++

Rekord +++ Größte Neuschneemenge im Flachland in Deutschland, Schleswig (Schleswig-Holstein), 159 cm, gemessen von November 1978 bis März 1979 +++

Rekord +++ Größte jemals auf der Erde an einem Tag gemessene Neuschneemenge, Silver Lake (Nordamerika), 1,93 m, gemessen vom 14. auf den 15. April 1921 (Colorado, USA) +++

NIEDERSCHLAG

Rekord +++ Höchster mittlerer Jahresniederschlag in Afrika, Debundscha (Kamerun, Afrika), 10.287 mm, gemessen über 32 Jahre (9 m Höhe) +++

Rekord +++ Höchster mittlerer Jahresniederschlag weltweit, Mawsynram (Indien, Asien), 11.872 mm, gemessen über 38 Jahre (1.401 m Höhe) +++

Rekord +++ Höchster mittlerer Jahresniederschlag in Australien, Bellenden Ker (Australien), 8.636 mm, gemessen über 9 Jahre (1.555 m Höhe, Queensland) +++

Rekord +++ Höchster mittlerer Jahresniederschlag in Europa, Crkvice (Bosnien-Herzegowina, Europa), 4.648 mm, gemessen über 22 Jahre (1.017 m Höhe) +++

Rekord +++ Höchster mittlerer Jahresniederschlag in Nordamerika, Henderson Lake (Kanada, Nordamerika), 6.502 mm, gemessen über 14 Jahre (4 m Höhe, British Columbia) +++

Rekord +++ Höchster mittlerer Jahresniederschlag in Ozeanien, Mt. Waialeale (Hawaii, Ozeanien), 11.684 mm, gemessen über 30 Jahre (1.569 m Höhe, Kauai) +++

Rekord +++ Höchster mittlerer Jahresniederschlag in Südamerika, Quibdo (Kolumbien, Südamerika), 10.790 mm, gemessen über 16 Jahre (37 m Höhe) +++

Rekord +++ Höchster Jahresniederschlag der Welt, Cherrapunji (Indien, Asien), in 1.313 m Höhe, 26.461 mm, gemessen vom 1. August 1860 bis 31. Juli 1861 +++

Rekord +++ Höchster Monatsniederschlag der Welt, Cherrapunji (Indien, Asien), in 1.313 m Höhe, 9.299,96 mm, gemessen im Juli, 31. Juli 1861 +++

Rekord +++ Höchster jemals auf der Erde gemessener Tagesniederschlag, Cilaos (Insel La Réunion, Indischer Ozean), 1.870 mm, gemessen vom 15. auf den 16. März 1952 (Indischer Ozean) +++

Rekord +++ Höchster jemals auf der Erde gemessener Niederschlag in 12 Stunden, Bélouve (Insel La Réunion, Indischer Ozean), 1.340 mm, gemessen am 28. Februar 1964 (Indischer Ozean) +++

Rekord +++ Höchster jemals auf der Erde gemessener Niederschlag in 72 Stunden, Cratère Commerson (Insel La Réunion, Indischer Ozean), 3.929 mm, gemessen vom 24.–27. Februar 2007 (Indischer Ozean) +++

Rekord +++ Höchster jemals auf der Erde gemessener Niederschlag in einer Stunde, Holt (USA, Nordamerika), 304,8 mm, gemessen am 22. Juni 1947 (Missouri) +++

Rekord +++ Höchster jemals auf der Erde gemessener Niederschlag in einer Minute, Basse Terre (Guadeloupe, Mittelamerika), 38,1 mm, gemessen am 26. November 1970 (Antillen, Karibik) +++

Rekord +++ Höchster Tagesniederschlag in Deutschland, Zinnwald (Erzgebirge, Sachsen), 312 mm, vom 12. auf den 13. August 2002, 8 bis 8 Uhr Mitteleuropäische Sommerzeit (MESZ)
Die heftigen Niederschläge wurden durch ein Tiefdruckgebiet verursacht, welches warme und feuchte Luft aus dem Mittelmeerraum heranführte. Die starken Niederschläge führten zum Elbehochwasser mit zahlreichen Deichbrüchen. +++

Rekord +++ Höchster Monatsniederschlag in Deutschland, Stein (Kreis Rosenheim, Bayern), 778,5 mm, Juli 1954 +++

Rekord +++ Nassester Ort in Deutschland mit dem höchsten mittleren Jahresniederschlag, Balderschwang (Allgäu), 2.452 mm, 1961 bis 1990 +++

Rekord +++ Höchster je in Deutschland gemessener Jahresniederschlag, Balderschwang (Allgäu), 3.503 mm, 1970 +++

EISREGEN

Rekord +++ Dickste Eisschicht nach Eisregen, Bundesstaat New York (USA), 15 cm Eisdecke, gemessen am 30. Dezember 1942 +++

TROCKENHEIT

Rekord +++ Trockenster Ort in Afrika mit der niedrigsten mittleren Jahresniederschlagshöhe, Wadi Halfa (Sudan, Afrika), <2,5 mm, gemessen über eine Dauer von 39 Jahren (125 m Höhe) +++

Rekord +++ Trockenster Ort in Afrika mit der niedrigsten mittleren Jahresniederschlagshöhe, Dakhla (Ägypten, Afrika), 0,7 mm, gemessen über eine Dauer von 53 Jahren in 111 m Höhe, 1932–1985 +++

Rekord +++ Trockenster Ort der Antarktis mit der niedrigsten mittleren Jahresniederschlagshöhe, Amundsen-Scott (Antarktis), ~20 mm, gemessen über eine Dauer von 10 Jahren (2.800 m Höhe, Südpol) +++

Rekord +++ Trockenster Ort in Asien mit der niedrigsten mittleren Jahresniederschlagshöhe, Aden (Jemen, Asien), 46 mm, gemessen über eine Dauer von 50 Jahren (7 m Höhe) +++

Rekord +++ Trockenster Ort in Australien mit der niedrigsten mittleren Jahresniederschlagshöhe, Mulka (Australien), 103 mm, gemessen über eine Dauer von 42 Jahren (49 m Höhe, Südaustralien) +++

Rekord +++ Trockenster Ort in Europa mit der niedrigsten mittleren Jahresniederschlagshöhe, Astrachan (Russland, Europa), 163 mm, gemessen über eine Dauer von 25 Jahren (14 m Höhe) +++

Rekord +++ Trockenster Ort in Nordamerika mit der niedrigsten mittleren Jahresniederschlagshöhe, Batagues (Mexiko, Nordamerika), 30 mm, gemessen über eine Dauer von 14 Jahren (5 m Höhe) +++

Rekord +++ Trockenster Ort in Ozeanien mit der niedrigsten mittleren Jahresniederschlagshöhe, Puako (Hawaii, Ozeanien), 227 mm, gemessen über eine Dauer von 13 Jahren (2 m Höhe) +++

Rekord +++ Trockenster Ort in Südamerika mit der niedrigsten mittleren Jahresniederschlagshöhe, Quillagua (Chile, Südamerika), 0,5 mm, gemessen über eine Dauer von 37 Jahren (1964–2001) +++

Rekord +++ Trockenster Ort in Südamerika mit der niedrigsten mittleren Jahresniederschlagshöhe, Arica (Chile, Südamerika), 1 mm, gemessen über eine Dauer von 59 Jahren (29 m Höhe) +++

Rekord +++ Längste Dürre, Arica (Chile, Südamerika), 173 Monate, gemessen vom Oktober 1903 bis Januar 1918 +++

Rekord +++ Aktuell trockenster Ort in Deutschland, Grünow (Brandenburg), 483 mm, gemessen in den Jahren 1981 bis 2010 +++

Rekord +++ Geringster Jahresniederschlag in Deutschland, Aseleben (Sachsen-Anhalt), 209 mm, gemessen im Jahre 1911 +++

Rekord +++ Trockenster Sommer in Deutschland, 1911 mit 123,9 mm Niederschlag über alle Stationen gemittelt (seit 1881) +++

Rekord +++ Trockenstes Jahr in Deutschland, 1959 mit 551,1 mm Niederschlag über alle Stationen gemittelt (seit 1881) +++

SONNE

Rekord +++ Hellster Ort der Erde mit der längsten mittleren Sonnenscheindauer, Yuma (USA, Nordamerika), 4.040 Stunden im Jahr, gemessen über 28 Jahre (65 m Höhe, gemessen im Zeitraum 1951 bis 1978) +++

Rekord +++ Dunkelster Ort der Erde mit der geringsten Anzahl von Sonnenstunden im Jahr, Orkney-Inseln (Nordatlantik), 478 Stunden, gemessen über 62 Jahre (Nordatlantik) +++

Rekord +++ Ort mit dem sonnigsten Monat in Deutschland, Kap Arkona (Mecklenburg-Vorpommern), 403 Stunden, gemessen im Juli 1994 +++

Rekord +++ Ort mit dem sonnigsten Jahr in Deutschland, Klippeneck (Schwäbische Alb, Baden-Württemberg), 2.329 Stunden, gemessen im Jahre 1959 +++

Rekord +++ Sonnigster Ort in Deutschland, Zinnowitz (Mecklenburg-Vorpommern), 1.918 Stunden mittlere jährliche Sonnenscheindauer im Zeitraum 1961 bis 1990 +++

Rekord +++ Ort mit dem dunkelsten Monat in Deutschland, Großer Inselsberg (Thüringen), 0 Stunden, gemessen im Dezember 1965, und Steinberg (Niedersachsen), 0 Stunden, gemessen im Dezember 1974 +++

Rekord +++ Jahr und Ort mit dem geringsten Sonnenschein in einem Jahr, Ruhpolding (Bayern), 929 Stunden, gemessen im Jahre 1995 +++

Rekord +++ Dunkelster Ort in Deutschland, Ruhpolding (Bayern), 1.159 Stunden mittlere jährliche Sonnenscheindauer, 1961 bis 1990 +++

WIND/LUFTDRUCK

Rekord +++ Höchster auf der Erde jemals gemessener Luftdruck (auf Meeresniveau berechnet), Agata (Russland, Asien), 1.083,8 hPa, 31. Dezember 1968 (263 m Höhe, Nordwestsibirien) +++

Rekord +++ Tiefster auf der Erde jemals gemessener Luftdruck, Taifun Tip, Nähe Guam (Ozeanien), 870 hPa, gemessen am 12. Oktober 1979, Kategorie 5, maximaler Wind 305 km/h +++

Rekord +++ Schnellster jemals gemessener Luftdruckfall weltweit, Tornado der Stärke EF4 in der Nähe von Manchester (South Dakota, USA), 9 hPa pro Sekunde (von 940 hPa auf 850 hPa binnen 10 Sekunden), gemessen am 24. Juni 2003 von einer Messsonde, die Tim Samaras dem Tornado in den Weg legte +++

Rekord +++ Höchster jemals in Deutschland gemessener Luftdruck, Berlin-Dahlem, 1.057,8 hPa, gemessen am 23. Januar 1907 (Wert auf Meeresspiegelniveau gerechnet) +++

Rekord +++ Tiefster jemals in Deutschland gemessener Luftdruck, Bremen, 955,4 hPa, gemessen am 27. November 1983 (Wert auf Meeresspiegelniveau gerechnet) +++

Rekord +++ Höchste weltweit gemessene Windgeschwindigkeit über 10 Minuten, Mount Washington (USA, Nordamerika), 372 km/h, 12. April 1934 (1.918 m Höhe, New Hampshire) +++

Rekord +++ Höchste weltweit gemessene Windgeschwindigkeit, Mount Washington (USA, Nordamerika), 416 km/h, 12. April 1934 (1.918 m Höhe, New Hampshire, gemessen in einer Windböe) +++

Rekord +++ Stärkste Windböen in einem Sturm, Zyklon Olivia, 408 km/h Windböen, 10. April 1996, Barrow Island (Australien) +++

Rekord +++ Stärkster jemals in Deutschland gemessener Wind (Böen), Zugspitze (Bayern), 335 km/h, gemessen am 12. Juni 1985 +++

Rekord +++ Stärkster jemals im Flachland in Deutschland gemessener Wind (Böen), List/Sylt (Schleswig-Holstein), 184 km/h, gemessen am 3. Dezember 1999 während des Orkans Anatol +++

Rekord +++ Stärkste jemals im Flachland gemessene Windböe, Bridge Creek, Oklahoma (USA, Nordamerika), 496 km/h, 3. Mai 1999 +++

STURMFLUT

Rekord +++ Höchste Sturmflut an der Nordsee, Wasserstand 6,45 m über Normalnull, mit einem Windstau von 4,23 m, gemessen am 3. Januar 1976, Hamburg während des Orkans Capella +++

TORNADO

Rekord +++ Längste Zugstrecke eines Tornados, Bundesstaaten Indiana und Illinois (USA, Nordamerika), 469 km, 26. Mai 1917 (nicht ständig Bodenkontakt) +++

Rekord +++ Größter Durchmesser eines Tornados, El Reno, Oklahoma (USA, Nordamerika), 4.200 m Durchmesser, 31. Mai 2013 +++

BLITZE

Rekord +++ Meisten Gewittertage im Jahr, Bogor (Java, Indonesien, Asien), 322 Gewittertage im Jahr (langjähriges Mittel) +++

Rekord +++ Längster Blitz, Oklahoma (USA), 321 Kilometer, gemessen am 20. Juni 2007, bei diesem Blitz handelte es sich um einen Wolke-Wolke-Blitz. +++

Rekord +++ Höchste Blitzdichte, Maracaibo-See am Fluss Catatumbo (Venezuela, Südamerika), 150 Gewitternächte im Jahr im Mittel bringen jährlich 232 Blitze je Quadratkilometer (Catatumbo-Gewitter). +++

Rekord +++ Längste Dauer eines Blitzes, Südfrankreich, 7,74 Sekunden, waagerechter Wolke-Wolke-Blitz, gemessen am 30. August 2012, der Blitz war 200 Kilometer lang. +++

HAGEL

Rekord +++ Größtes jemals auf die Erde gefallenes Hagelkorn, 23. Juli 2010, Vivian (South Dakota, USA), 20,32 cm Durchmesser, gefallen während eines heftigen Gewitters +++

Rekord +++ Größtes Hagelkorn der Erde, 22. Juni 2003, Aurora (Nebraska, USA), 47,6 cm Umfang, gefallen während eines heftigen Gewitters +++

Rekord +++ Schwerstes Hagelkorn der Erde, 14. April 1986, Gopalganj District (Bangladesch), 1,02 kg, gefallen während eines heftigen Gewitters +++

Rekord +++ Größtes Hagelkorn in Deutschland, 6. August 2013, Reutlingen (Baden-Württemberg), 15 cm Durchmesser, gefallen während eines heftigen Gewitters +++

NEBEL

Rekord +++ Nebligster Ort in Deutschland, Brocken (Harz, Sachsen-Anhalt), 330 Nebeltage in einem Jahr, beobachtet im Jahre 1958 auf 1.142 m Höhe +++

Rekord +++ Längster Nebel am Stück in Deutschland, Neuhaus/Rennweg (Thüringen), 242 Stunden, beobachtet ab dem 7. Mai 1996 auf 850 m Höhe +++

HURRIKAN

Rekord +++ Östlichster Tropensturm der Kategorie 3, Hurrikan Ophelia, östlich der Azoren, 14. Oktober 2017, 16 Uhr MEZ, Kategorie 3, maximaler Wind 185 km/h +++

Rekord +++ Erster Hurrikan im Januar südlich der Azoren, Hurrikan Alex, südlich der Azoren, 12. bis 17. Januar 2016, Kategorie 1, maximaler Wind 140 km/h +++

Rekord +++ Längste Zugbahn eines Hurrikans, Hurrikan Faith, 6.850 Kilometer, 21. August bis 6. September 1966, Kategorie 3, maximaler Wind 205 km/h +++

Rekord +++ Stärkster Niederschlag durch einen Hurrikan, Hurrikan Harvey, Nederland (150 Kilometer östlich von Houston), 21. bis 28. August 2017, 1.539 Liter Regen pro Quadratmeter (mm), Kategorie 4, maximaler Wind 215 km/h +++

Rekord +++ Höchster Tagesniederschlag durch einen Hurrikan, Hurrikan Harvey, Houston (Texas, USA), 27. August 2017, 408 Liter Regen pro Quadratmeter (mm), Kategorie 4, maximaler Wind 215 km/h +++

Rekord +++ Teuerster Hurrikan aller Zeiten, $ 198,63 Milliarden (164 Milliarden Euro), Hurrikan Harvey, Golf von Mexiko, USA, 17.8. bis 3.9.2017, Kategorie 4, maximaler Wind 215 km/h +++

Rekord +++ Hurrikans gleichzeitig über drei Seegebieten, Hurrikan Katia (links) während des Landfalls über dem Golf von Mexiko, Hurrikan Irma (Mitte) über der Karibik und Hurrikan Jose (rechts) über dem zentralen Atlantik, 8. September 2017 +++

Rekord +++ Höchste Zahl an Opfern durch einen Hurrikan, Großer Hurrikan von 1780, über 22.000 Tote auf den Kleinen Antillen, Puerto Rico, Dominikanische Republik, Bermuda und Florida +++

Rekord +++ Tiefster Luftdruck, Hurrikan Wilma, Karibische See, 19. Oktober 2005, 882 hPa Kerndruck, Kategorie 5, maximaler Wind 295 km/h +++

Rekord +++ Meiste Hurrikans in einer Saison, 2005: 28 tropische Stürme und 15 Hurrikans, davon 4 in der Kategorie 5 +++

Rekord +++ Stärkster Wind in einem Hurrikan, Hurrikan Allen, 7. August 1980, zwischen Kuba und Yucatán Peninsula, Kategorie 5, maximaler Wind 305 km/h +++

Rekord +++ Hurrikan mit dem größten Durchmesser, Hurrikan Sandy, Durchmesser 1.520 Kilometer, 25. Oktober 1912, Kategorie 5, maximaler Wind 185 km/h +++

Rekord +++ Längste Dauer eines Hurrikans, Hurrikan San Ciriaco, Lebensdauer 27 Tage und 8 Stunden, 3. August bis 12. September 1899, Kategorie 4, maximaler Wind 240 km/h +++

Rekord +++ Längste Dauer eines Kategorie-5-Hurrikans, Hurrikan Cuba, 3 Tage und 6 Stunden, 30. Oktober bis 14. November 1932, Kategorie 5, maximaler Wind 280 km/h +++

Alle Angaben ohne Gewähr auf Basis unserer Recherchen mit letztem Stand 1. März 2018.

Toll, dass du bis hierher durchgehalten hast. Wir hoffen, dass es interessant war und dir viel Spaß gemacht hat.

Jetzt gibt es noch den Abspann mit den Hinweisen auf die Fotos und unserem persönlichen Dank für die Bereitstellung der Bilder!

Ohne diese wäre das Buch höchstens halb so interessant gewesen. Tschüß, Jonathan und Frank

BILDNACHWEIS